DES PIEDS ET DES MAINS

VINCENT FLEURY

DES PIEDS ET DES MAINS

Genèse des formes de la nature

FLAMMARION

ISBN : 2-0808-0128-7

INTRODUCTION

Tout au long du XXe siècle, la recherche en physique s'est surtout orientée vers la compréhension des constituants ultimes de la matière : particules de haute énergie, neutrinos, quarks, etc., et vers la réduction des interactions entre particules à quelques forces fondamentales. Ces découvertes ont changé votre vie.

Une telle connaissance, selon le mot étonnamment risqué de Stephen Hawking en conclusion de sa *Brève histoire du temps*, devait nous permettre de connaître *la pensée de Dieu lui-même.* Dans le même esprit, pour le prix Nobel Steven Weinberg, la découverte – depuis vingt ans imminente – d'une particule insaisissable, le boson de Higgs, constituera la frontière ultime de la science, si jamais elle advient.

Mais les jeunes chercheurs en physique ayant un pied dans le XXIe siècle, dont je fais encore partie après – ou bien malgré – dix ans passés au Laboratoire de physique de la matière condensée de l'École Polytechnique, n'ont pas cessé de découvrir d'autres horizons. La pensée de Dieu, si c'est de cela qu'il s'agit, s'exprime autant dans la naissance et la mort d'une rose, la métamorphose en papillon d'une chenille, ou le premier sourire d'un nourrisson, que dans les explosions de supernovae et le vol intersidéral des neutrinos.

La feuille, la fleur, le doigt, la main, le flocon de neige, le galbe d'une hanche, la douce caresse d'une amarante ou les plis gaufrés d'un cervelas, toutes ces choses ont toujours paru scientifiquement inaccessibles, réservées à un savoir profane, à l'amour, au palais, aux offrandes mystiques. Ce n'étaient même pas, à proprement parler, des objets scientifiques sérieux. Les comprendre ? C'était toujours pour demain, pour après-demain, pour un avenir lointain et sans cesse repoussé.

Or, nous y sommes : une science nouvelle s'organise, qui emprunte à la biologie, à la physique, à la mathématique, à l'informatique tous les fils d'une trame qui reconstitue la naissance des formes. Nous allons comprendre précisément les fleurs, les oiseaux, les aurores boréales ou la danse des dunes et de leurs rides, les pieds, les mains, les ailes des libellules et le souffle haletant du nouveau-né ; pas demain, aujourd'hui, avant ce soir : les voici qui se dévoilent, à une vitesse sans cesse accélérée, et ce dévoilement se révèle captivant ; il nous laisse les mains moites d'appréhension.

Cette science, la morphogenèse, entend prendre en compte l'aspect temporel, dynamique de la naissance des formes. Car, à mille lieues de figures immobiles, taillées pour ainsi dire dans les marbres de Praxitèle, les formes de la nature ne se résument pas à quelques géométries supposées parfaites – la sphère, le cube ou l'icosaèdre –, ou à des nombres et des proportions idéales comme le nombre d'or ou le presque innommable 3,1415926. La genèse des formes est étonnamment contingente, fille d'une histoire vivante et dynamique dont l'embryon est le plus beau résultat, le cancer son plus effrayant produit.

En découvrant les mécanismes à l'origine des formes, la science apporte des réponses qui relèvent de la poésie, alors qu'on attendait des réponses relevant plutôt de la théologie, ou, à tout le moins, de la métaphysique. En quelque sorte, ces découvertes rapprochent du poète tous ceux qui n'aspirent pas à comprendre la pensée de Dieu. S'il s'en inquiète, que le poète se rassure, les gros bras de la science ne sont pas faits pour impressionner, mais pour protéger, du moins en principe (c'est la *technique* qui asservit).

Contrairement à une idée répandue, qui cause des ravages dans les filières scientifiques et dans les médias, la science actuelle ne s'enfonce pas dans l'ennui ou dans une abstraction inaccessible réservée à des savants Cosinus sympathiques, voire dangereux. Notre époque vit un moment unique, où l'émergence de nouveaux outils intellectuels (les gènes du développement, les fractales, les systèmes auto-organisés...) et matériels (l'ordinateur, les souris transgéniques...) permet enfin d'attaquer les problèmes liés à l'origine des formes, et au plus élevé d'entre eux : la formation des êtres vivants.

Il sera question, dans ce livre, de pieds et de mains, un peu, au détour de considérations biologiques et physiques en rapport avec la forme de nos membres. Mais ce qui concourt à expliquer la forme d'une main contribue également à dévoiler la forme d'une crête de coq, ou d'une chips. C'est donc tout le jeu des forces et tiraillements qui provoque la genèse de formes que je vous invite à explorer.

Avec mon précédent livre *Arbres de pierre*, *Des pieds et des mains* se présente certainement davantage comme la chronique d'une science nouvelle, en plein essor, que comme une somme de connaissances, toujours changeantes et appelées demain à l'obsolescence. La position de chroniqueur de cette nouvelle discipline est une des plus jouissives à occuper, quand on en est également acteur : à tout instant, ici ou ailleurs, des pas de géants sont accomplis dans des disciplines variées, qui n'auront d'impact sur la société que dans dix ou vingt ans. Avant que ces découvertes ne changent à leur tour votre vie, ce livre vous invite à une dégustation, en avant-première.

Chapitre premier

CE QUE DISENT LES EMPREINTES DIGITALES

L'honorable juge Pollak

Audience du 7 janvier 2002, cour de justice de Pennsylvanie, arrondissement Est. Affaire : États-Unis d'Amérique contre LL.-P. Chef d'accusation : quadruple meurtre en bande armée, en relation avec du trafic de stupéfiants. Réquisition : peine de mort. Juge : Honorable Louis H. Pollak.

La décision de justice rendue ce matin du 7 janvier 2002 par le « petit juge » de Pennsylvanie fut probablement accueillie par un tonnerre d'applaudissements dans tous les pénitenciers des États-Unis. Elle a, depuis, fait le tour du monde dans les milieux policiers et judiciaires, et elle continue de faire couler beaucoup d'encre. La télévision et la presse américaine en ont rendu compte dans toutes leurs colonnes.

Ce jour-là, l'honorable juge Pollak décida, suite à une requête de la défense, d'interdire aux experts de la police scientifique de formuler verbalement l'attribution d'un relevé d'empreintes digitales fait sur les lieux du crime à l'un des accusés de l'affaire « États-Unis contre LL.-P. ». Bien que les policiers aient acquis la certitude de la présence d'un des accusés sur les lieux du crime, ils ne furent pas autorisés à l'énoncer à haute et intelligible voix.

Cette décision retentit comme un coup de tonnerre, et elle ébranla sur ses fondations un siècle d'utilisation des empreintes digitales par la police, dont l'expertise en la matière était réputée *scientifique*. L'analyse détaillée de la décision du juge montrait que ce dernier ne contestait pas l'existence et le caractère unique des empreintes digitales. En revanche, il considérait comme non scientifique, ou en tout cas comme non établie par des preuves scientifiques, l'opération consistant à attribuer une empreinte trouvée sur les lieux du crime à une personne donnée.

Quelle est la marge d'erreur ? Quel est le degré de recouvrement permettant d'être formel ? Quel est le nombre minimal de traits communs (boucles, défauts, traces de cicatrices, etc.) devant être pris en compte ? Quelle est la probabilité que deux personnes aient des empreintes extrêmement semblables, en particulier s'agissant de fractions d'empreintes très abîmées trouvées sur un coin de meuble sale ? Sur tous ces points, le juge estimait que la police n'avait pas produit d'éléments suffisamment sérieux permettant d'accepter sans esprit critique les « expertises ».

Ainsi, ravalés pratiquement au rang de sorciers, les experts de la police scientifique n'auraient plus le droit, en audience à la cour de Pennsylvanie, d'être affirmatifs, ils ne seraient autorisés qu'à montrer les empreintes relevées sur le terrain et les empreintes prises directement sur les accusés, et à attirer l'attention des juges et jurés sur leurs similitudes. Les experts ne pourraient plus conclure par une phrase telle que « Et donc, Votre honneur, ces empreintes sont celles de M. X », ou bien « Ceci prouve que M. X se trouvait sur les lieux du crime » ou quoi que ce soit d'équivalent. Cette appréciation serait laissée à l'intime conviction des jurés et du juge.

Cette décision, selon les journalistes de la presse judiciaire américaine, devrait avoir un impact important sur la conduite des enquêtes et la préparation des actes d'accusation. On en comprend facilement les raisons. Les questions scientifiques soulevées par le juge, au fond, sont radicales : qu'est-ce que l'identité *de deux empreintes* ? Permet-elle de fonder l'identification de *la personne* ? Les bases sur lesquelles la police travaille depuis un siècle, depuis que Galton, en Inde, a proposé d'utiliser les empreintes pour identifier les individus, sont-elles sérieuses ? Au bout du compte, la question centrale est : qu'est-ce qu'une empreinte digitale ?

Un communiqué de presse d'IBM

IBM demeure l'une des entreprises les plus grandes et les plus admirées de la planète, bien qu'elle ait dernièrement défrayé la chronique avec des pratiques de gestion des ressources humaines contestables. Le cœur de son activité est bien connu : les ordinateurs, les disques durs, les portables, et tout ce qui tourne autour de l'informatique. Elle dispose de laboratoires de physique et d'informatique prestigieux, et détient plusieurs prix Nobel, comme le prix Nobel 1984 pour l'invention de la microscopie à effet tunnel.

Signe de sa grandeur et de son dynamisme, l'entreprise IBM dépose une quantité incroyable de brevets par an : trois mille quatre cent onze en 2001, « seulement » deux mille huit cent quatre-vingt-six en l'an 2000. Vous avez bien lu. De plus, ce nombre est en augmentation. À titre de comparaison, une très grande entreprise française dépose environ deux cents brevets par an, le Centre national de la recherche scientifique, dans son entier, à peine plus, c'est-à-dire environ le dixième de ce que dépose IBM à elle seule. La seconde entreprise, dans ce domaine, est une entreprise japonaise bien connue, NEC, qui ne dépose « que » mille huit cent brevets par an. On dira sans doute que l'entreprise IBM a des raisons de breveter toutes sortes de choses un peu inutiles, au titre de la protection industrielle tous azimuts. On dira ce qu'on voudra, si IBM dépose des brevets « inutiles », elle doit avoir ses raisons, qui ont leur logique dans l'ensemble du système (l'intimidation et l'agressivité faisant aussi partie du jeu).

À l'occasion du nouveau record établi en 2002, IBM reçut un prix pour sa créativité. Certains brevets furent mis en avant. L'un des premiers cités dans les communiqués de presse était un brevet permettant… de mieux reconnaître les empreintes digitales, en tenant compte de la forme du substrat sur lequel elles sont trouvées. Ainsi, si l'empreinte apparaît sur un verre rond, on pourra corriger l'image relevée et en quelque sorte la remettre à plat, pour la comparer à celles qui sont dans les fichiers, ou à celles prélevées directement sur un suspect.

La reconnaissance de la forme des empreintes est un enjeu économique important, car lié à tous les problèmes de criminalité et de traque de la délinquance que l'on imagine, de même qu'à beaucoup de problèmes analogues que l'on n'imagine pas *a priori*. Aussi, chacun comprendra aisément que les ministères de la Justice ou de l'Intérieur de tous les pays sont prêts à payer pour avoir des algorithmes fiables et rapides de reconnaissance des empreintes, et c'est sans doute ce besoin qui motive le plus les recherches dans le domaine de la reconnaissance automatique, par ordinateur, des empreintes. Mais il y a d'autres applications ; ainsi il est amusant ou surprenant de penser qu'on pourrait fabriquer des téléphones portables reconnaissant les empreintes digitales, de sorte que seul le propriétaire puisse composer un numéro ; la protection contre le vol serait imparable. On pourrait même aller plus loin : une empreinte digitale non reconnue par le téléphone serait aussitôt adressée, par le téléphone lui-même, à un service d'alerte ou de police…

Des pieds et des mains

Les deux dépêches d'agence ci-dessus (la décision du juge Pollak et la remise du prix de la créativité à IBM) soulignent l'importance pratique de la question de la morphogenèse. Mais les empreintes digitales posent par là même plusieurs questions profondes, communes à de nombreux problèmes de morphogenèse. Ces questions se ramènent souvent à une tension entre deux extrêmes. Par exemple : grande diversité de leurs formes, mais aussi grande ressemblance dans la diversité ; comment est-ce possible ? On devine là une caractéristique des formes à expliquer : un apparent désordre, une sensibilité à tous les aléas, et dans le même temps une sorte de permanence des patrons, d'universalité des motifs. D'autres points de rencontre (au sens métaphorique des plaques continentales, là où se produisent les séismes et l'activité volcanique) mettent en opposition les causes génétiques et les causes purement physiques, quasi automatiques des formes. On touche ici à la distinction entre les formes physiques, inanimées, d'une part, et les formes biologiques, d'autre part. Y a-t-il une différence de nature entre les deux domaines ?

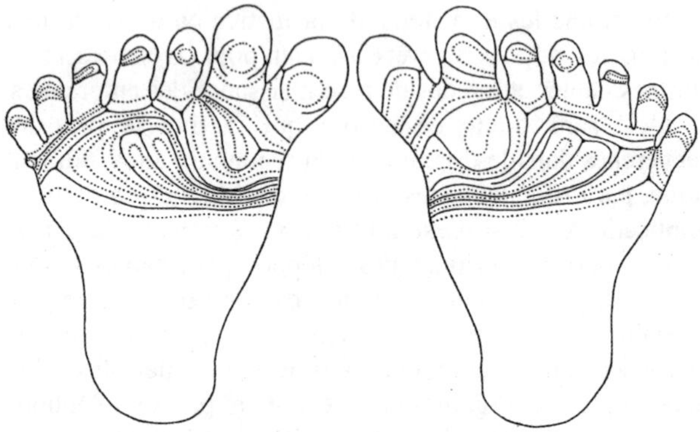

Figure 1. Malformation[1] des pieds induisant notamment un dédoublement des phalanges terminales du gros orteil. Relevé de quelques lignes d'empreintes digitales. On remarquera le raccordement de trois lignes au point de division des deux gros orteils.

Commencer par nos empreintes a nombre d'avantages. D'abord, sur le plan symbolique, métaphorique, quoi de plus pratique que la main ? Elle est l'incarnation de toutes les expressions imagées – *prendre par la main*, faire *toucher du doigt* –, en l'occurrence l'extraordinaire magie des formes, leur beauté, et le mystère de leur origine. On pourrait broder à rallonge sur cet air-là. Mais revenons à des considérations moins générales. L'intérêt de la main ne réside pas seule-

1. La notion de malformation est en fait subjective. Je ne charge ce mot d'aucune connotation péjorative. L'appréciation « mal » est certainement à laisser à la discrétion de celui qui porte ce trait particulier. Nos mains sont, à cet égard, extrêmement mal formées pour un grand nombre de tâches. Quoi de plus embarrassant, par exemple, que l'auriculaire de la main droite, pour le droitier qui veut jouer de la guitare ? L'approche scientifique a le mérite de dépassionner la question : si un processus donne quelque chose de différent qu'à l'accoutumée, c'est uniquement en un sens statistique. Si l'on n'a pas à se plaindre de cette différence, on ne parlera pas de malformation.

ment dans cette évidente présence dans le langage, et dans les expressions vivantes utiles au vulgarisateur. Tout y pose question. Qu'il s'agisse de la forme ou du nombre des doigts, de la symétrie recto verso (dorso-ventrale, doit-on dire), droite gauche (la chiralité), de la différence entre les pieds et les mains (différence antéro-postérieure), de malformations plus ou moins tristes (telle femme a des mains formées de *six index*, tel enfant a les pieds fourchus) et, bien entendu, du contour étrange de ces lignes qui courent sur la main, et dont les motifs, à y bien regarder, sont beaucoup plus compliqués que la forme des doigts eux-mêmes. Évidemment, jouer sur les mots n'est pas très digne d'un scientifique, mais enfin, on s'essaiera dans ce livre à faire des pieds et des mains. On essaiera, notamment, de comprendre l'origine des malformations, peut-être de les corriger.

Plus piquant sans doute, je vais également essayer, dans ce chapitre, de vous dire un peu de quoi vous êtes fait ou faite. Quel est le lien entre votre *matière*, votre *forme* et votre *identité*. C'est un pari un peu risqué, presque une gageure pour un chercheur au CNRS, mais prenons-le ensemble : je vais dire quelque chose de vrai sur chacun d'entre vous, quelque chose de particulier et de juste, valable pour chaque individu, pour toi, *public*, qui lira ce livre. Jamais chiromancien ne fut capable d'un pareil tour de magie, et pourtant, avant la fin de ce chapitre, vous saurez quelque chose d'intime sur vous-même, que la *lecture* des lignes de vos empreintes digitales vous apprendra.

N'oublions pas que la lecture de ce que nous appelons les *lignes de la main* est toujours allée de pair avec la lecture des *empreintes digitales*. Les chiromanciens obstinés persistent, d'ailleurs, à chercher un sens caché aux empreintes digitales, bien que, dans le grand public (français), l'idée d'un lien entre la forme des empreintes et le caractère d'un individu ne soit plus très répandue. Ce n'est que récemment, avec les travaux de la police scientifique, qu'une distinction suffisamment forte est apparue entre empreintes digitales, à proprement parler, et lignes de la main. Une retombée curieuse, mais logique, de ces travaux est que les empreintes digitales ont perdu leur sens magique, dans le temps où elles servaient à ficher les gens.

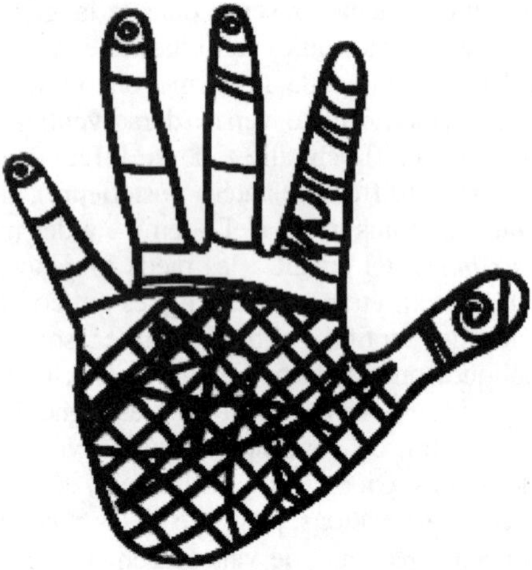

Figure 2. Relevé d'empreintes digitales trouvé sur une paroi d'une falaise de Nouvelle-Écosse, effectué par un « Indien » nord-américain. Bien que grossier, le tracé démontre l'intérêt du dessinateur pour ses propres empreintes digitales. Ce relevé est le relevé intentionnel le plus ancien qui soit connu.

Ainsi, ce n'est pas parce que les empreintes ont acquis un statut scientifique, qu'elles ont perdu leur mystère. De même, les personnes qui croient vaguement à l'astrologie, en dépit de tous les progrès de la science, la jetteraient rapidement aux orties, si, par exemple, on fixait les augmentations de salaire ou les promotions en fonction du signe astral.

Autant le dire sans ambages : au plan scientifique, il y a encore du travail sur le plat de la main ou sur la plante des pieds pour au moins vingt ans, et, le jour où l'on aura compris complètement la formation et les malformations d'une main, on aura compris toute la biologie du développement, et davantage encore. Peut-être, aussi, aurons-nous en partie compris cette fascination de l'homme pour la chiromancie, et mille autres superstitions de ce genre. Nous verrons, je l'espère, que les découvertes scientifiques n'altèrent en rien la part de rêve et de merveilleux qui mit les premiers chamans ou simples superstitieux sur le chemin du savoir.

En revanche, la science exige qu'on la suive pour de bon, et qu'on abandonne une fois pour toutes les vieilles lunes. Pour elle, il est triste, voire lamentable, de continuer à croire aux choses démontrées comme fausses. À la fin de ce chapitre, il faudra bien renoncer à une quelconque divination dans les lignes de la main. Espérons que ce ne sera pas trop dur.

Le mystère des dermatoglyphes

Les lignes de la main et des doigts, que les scientifiques dénomment ensemble *dermatoglyphes* (mot forgé par Harold Cummins vers 1920), fascinent les chercheurs et les naturalistes depuis l'Antiquité, sans doute, et plus sérieusement depuis Govard Bidloo, médecin de William III d'Angleterre, et Marcello Malpighi, ce qui n'est pas récent, convenons-en. On trouve dans certains ouvrages de cette époque des descriptions d'empreintes digitales étourdissantes, et les gravures qui les accompagnent ont la précision de la peinture hyperréaliste.

Bien sûr, si ces lignes ne jouent pas un grand rôle dans notre vie, elles ont l'outrecuidance d'être à chaque seconde sous nos yeux, il est donc bien normal que certains se soient très tôt posé des questions à leur propos.

D'abord, qui n'en a pas ? Ah, mais, *il y a* des gens qui n'en ont pas. Doigts et mains lisses : cela existe, il y a une ou deux familles, dans le monde – des lignées au sens des biologistes –, dont les rejetons n'ont pas d'empreintes digitales. Pas du tout. *Anomalie génétique rare*, « caractère dominant autosomique » disent les cours de médecine. Il y a des gens qui n'en ont pas, mais aussi, il y a des marsupiaux qui en ont, le koala, par exemple, a les mêmes empreintes que nous. Et puis les singes, bien entendu, ont des empreintes sur les doigts, plus une au bout de la queue. Songerait-on à y voir des traits de caractère, des déséquilibres de la personnalité, un avenir radieux ? Monsieur Koala : malheureux au jeu, heureux en amour !

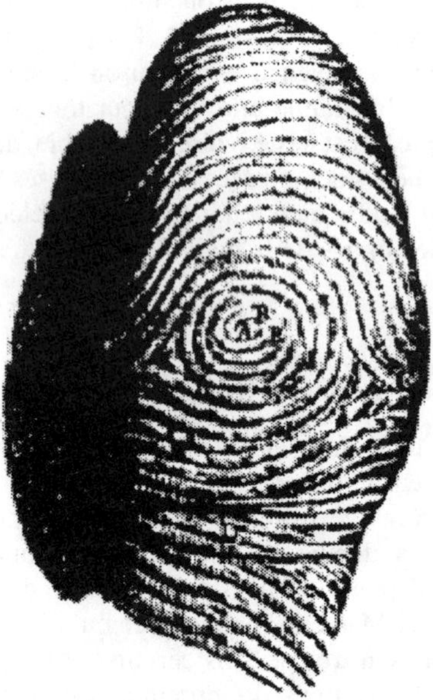

Figure 3. Gravure d'empreinte digitale de Govard Bidloo. Auteur dramatique et anatomiste, il est l'auteur d'un livre d'anatomie fameux, où apparaissent pour la première fois des gravures hyperréalistes, et très macabres (1684). Tout le monde a vu au moins une fois dans sa vie des crânes ou des écorchés extraits de son livre.

À chaque fois, ni tout à fait les mêmes, ni tout à fait autres, ces empreintes sont un peu différentes quoique semblables, elles affichent certaines constantes. Ainsi, c'est une idée fausse que de croire que nous avons tous des empreintes *très* différentes. Chez les humains, et chez tous les animaux qui partagent ce trait avec nous, 60 % des doigts ont une empreinte en forme de boucle repliée sur elle-même, 30 % ont une empreinte en forme de spirale, ou d'enroulement, et 5 % ont une empreinte en forme d'arche.

L'empreinte en forme d'arche est d'ailleurs davantage observée sur les doigts de pied. Les 5 % restants correspondent à des empreintes de forme plus chantournée, pré-

Figures 4A, 4B, 4C. Empreinte en forme de boucle (à gauche). Empreinte en forme de spirale (au centre). Parfois la spirale est si serrée qu'on observe des cercles pratiquement concentriques. Empreinte en forme d'arche (à droite).

sentant des structures en boucles multiples (figure 5). Les doigts anormaux portent des empreintes dont la forme présente un lien avec la malformation correspondante du doigt.

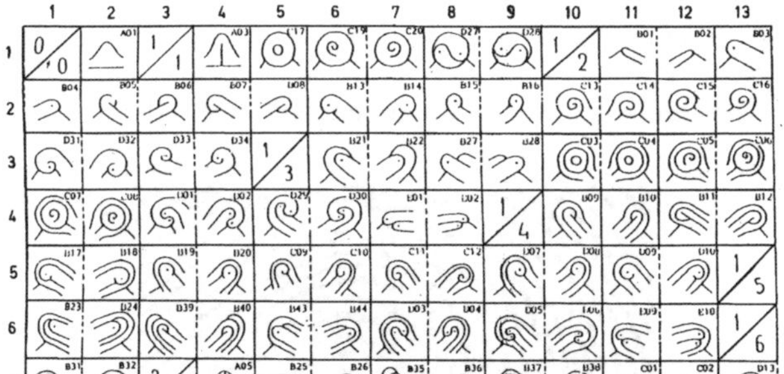

Figure 5. Tableau général des empreintes digitales. Ce tableau résume la grande variabilité des empreintes digitales, et la nature de plus en plus compliquée des motifs. La plupart des dessins, représentés ici schématiquement, sont rares, voire extrêmement rares.

En règle générale, plus les méandres sont compliqués, plus l'empreinte est rare, mais il ne semble guère y avoir de limites au nombre de spirales et boucles dans ce qu'on appelle le « cœur » des empreintes (c'est-à-dire la région plus ou moins au centre de la pulpe des doigts, où les lignes se tordent un peu dans tous les sens). Ces empreintes compliquées sont fort jolies, parfois si rares qu'on attribuait, dans le folklore, des caractères particuliers à ceux qui les portaient. Par exemple de la persévérance ou de l'honnêteté, ou bien une simple aptitude physique comme d'avoir les mains robustes, ou bien encore des propriétés purement matérielles : si vous avez une boucle, alors c'est que vous êtes pauvre, *dixit* une croyance populaire chinoise. La rareté donne à ces empreintes un statut particulier de curiosités, mais en fait, 95 % des doigts tombent dans les trois catégories principales – boucle, spirale, arche. Une catégorie sœur de l'arche est la tente : c'est une arche avec une sorte de piquet.

En principe, vous devriez déjà avoir regardé sur vos doigts pour découvrir dans quelle catégorie tombent les vôtres. Personnellement, j'ai un peu de tout, mais des arches seulement sur un doigt de pied (le petit doigt).

Figure 6. Empreinte en forme de double spirale s'enroulant l'une dans l'autre (plutôt très complexe, rare).

Quand les empreintes se forment-elles ?

La réponse à cette question, qui a l'air pourtant très simple, n'est pas tranchée. Il semble qu'elles apparaissent entre la septième et la onzième semaine de gestation. Leur apparition est précédée d'un gonflement des doigts et de la paume des mains, sur lesquels apparaissent des coussinets que l'embryon conserve quelques semaines. Ces coussinets sont analogues aux coussinets que les chats ont sur les pattes, et qui leur permettent de se réceptionner sans douleur. C'est une idée amusante que de penser qu'il suffirait probablement de modifier un gène quelque part dans le circuit, pour que nous naissions avec de beaux coussinets sur les mains et les pieds, grâce auxquels nous pourrions nous jeter du haut d'un immeuble et nous réceptionner en souplesse. Mais la nature a décidé que l'homme aurait des empreintes digitales à la place des coussinets. Elle n'avait pas prévu la police judiciaire. Si l'on pousse un peu le raisonnement, il semble plus utile d'avoir des empreintes, pour passer de branche en branche, que des coussinets (qui sont plutôt pratiques pour descendre). Ainsi la présence des empreintes est-elle la manifestation d'une vie très arboricole (primates), tandis que la présence des coussinets est celle d'une vie essentiellement terrestre, avec des sauts.

Lorsque les coussinets de l'embryon fondent et disparaissent, vers la huitième semaine, ils laissent sur la main ces empreintes, qui semblent être des plis et des creux. Semblent, car l'histoire est loin d'être dite. Mais pour en rester à la question du moment de leur formation, il faut simplement insister sur le fait que, pendant quelques semaines, les doigts ont la forme d'une ampoule (comme certaines grenouilles). Puis ils acquièrent (c'est fini vers la onzième semaine) une forme de doigt humain, qui, après la naissance, se développera jusqu'à l'adolescence. La forme peut encore évoluer en fonction de l'activité manuelle (épaississement, musculation, etc.). La forme des doigts n'est donc pas arrêtée une fois pour toutes à un certain âge, elle évolue dans le temps, et même jusqu'à la mort.

On pourrait penser que cette observation n'a d'intérêt que pour les spécialistes, qu'elle est le fait d'un chercheur maniaque, essayant de faire un tri quasi maladif dans les problèmes auxquels il se confronte. Cependant, il y a quelque chose de tout à fait surprenant à cet aspect évolutif. J'ai dit plus haut que les empreintes digitales étaient associées dans l'esprit de l'homme à l'identité. C'est tellement vrai que, prenant l'expression au pied de la lettre, les adversaires de l'avortement énumèrent, parmi les caractéristiques qui forgent l'identité de l'embryon, l'existence de ces empreintes digitales. Ainsi, l'embryon de onze semaines, voué à un avortement, possède déjà ses empreintes (le terme limite d'avortement est de quatorze semaines). Pour les adversaires de l'avortement, c'est une monstruosité que d'avorter un fœtus qui porte des empreintes, puisqu'il possède déjà cet attribut-là. Une conséquence de cette observation est que, suivant qu'on lit des articles, ouvrages ou pages webs des adversaires de l'avortement, ou bien à l'inverse des articles scientifiques indépendants, on trouvera des termes – de gestation – d'apparition des empreintes digitales très variables, systématiquement plus précoces pour les adversaires de l'avortement. Leur intérêt, bien entendu, est de faire croire que ces empreintes apparaissent très tôt. Cependant, en quoi la présence d'empreintes digitales devrait-elle affecter la date de l'avortement ?

Pourquoi des empreintes digitales ?

Voilà une question très directe, qu'on se pose immédiatement pour la plupart des formes biologiques, et surtout les plus bizarres d'entre elles. Dans bien des cas, il n'y a pas de doute sur un certain aspect du « pourquoi ? » : le cœur pompe le sang, évidemment, le poumon nous sert à respirer, les dents à broyer les aliments. Mais après tout, nos pompes industrielles ne sont pas construites sur le modèle du cœur (qu'on ne sait, d'ailleurs, pas reproduire artificiellement), et nous ne ventilons pas davantage la maison avec un diaphragme. Alors ?

Dans le cas des empreintes digitales, et puisque nous reprochons tant aux chiromanciens leur supercherie, l'honnêteté nous oblige à dire que, dans le fond, on ne sait pas trop à quoi elles servent. Ceux qui se sont aventurés sur ce terrain ont abouti à une explication d'apparence savante, raisonnable mais peu fondée : les empreintes digitales servent à mieux tenir aux branches des arbres (singes et koalas apportent de l'eau à ce moulin, ce serait pour cette raison qu'on en trouve une au bout de la queue des singes), et, par extension, à mieux tenir les objets dans la main (ou dans la queue). Les empreintes auraient pour rôle de modifier, sur les mains, les forces de *friction*, pour ne pas lâcher prise. C'est ce qu'on appelle le « grip », en bon franglais. Ceux qui jouent au foot ou font de la planche à voile connaissent bien l'avantage qu'il y a à coller sur une surface un revêtement rugueux, permettant de mieux se tenir. On en met aussi au fond des baignoires, quand il s'agit de baigner un enfant qui ne tient pas encore bien sur ses jambes.

On ne peut guère affirmer qu'il y ait d'*excellentes* preuves de cela, seulement quelques arguments. Il va de soi que de nombreux animaux, comme les souris, tiennent assez bien aux branches sans empreintes digitales. Des chercheurs ont montré que l'écureuil est un champion de l'accrochage aux branches, bien qu'il n'ait ni ongles ni empreintes digitales. Toutes sortes d'animaux ont développé des stratégies pour se fixer en l'air, souvent d'un raffinement extrême. Il existe un rongeur et aussi un lézard, qui peuvent courir à l'aise sur un carreau de verre tenu verticalement : ce n'est pas une performance qu'on peut réussir avec des empreintes digitales seulement, sinon certains films d'espionnage seraient vidés de leur suspense… nous serions nombreux, je pense, à nous amuser à monter dans notre bureau par la façade. Le petit rongeur capable d'une telle performance a développé un fluide particulier, sur la paume, qui produit un effet *ventouse* digne de *Mission impossible*. L'effet ventouse de la souris pour grimper aux murs, les coussinets du chat pour en descendre, autant d'adaptations qui seraient bien utiles dans la jungle urbaine.

Pour ce qui est des empreintes digitales, on peut penser qu'elles améliorent effectivement la préhension, mais elles peuvent avoir un rôle bien différent : par exemple, servir à détecter les reliefs fins, la douceur d'une texture (de même qu'on glisse le bout du doigt sur un velours pour en palper la finesse). Certains attribuent l'origine des empreintes digitales au caractère insectivore des premiers primates et des préhominiens (de par l'avantage évolutif à bien attraper des petites bêtes qui courent plutôt que des grosses branches).

Au passage, si le rôle des empreintes digitales est d'améliorer la préhension, il est à recommander aux gardiens de but de se faire confectionner des gants imprimés d'empreintes digitales plutôt que de petits picots en caoutchouc, puisqu'on prétend que les millions d'années d'évolution ont permis à la nature de sélectionner des dispositifs « optimaux », c'est-à-dire les meilleurs (si tel était le cas, on ne voit pas très bien quel intérêt il y aurait, en fait, à porter des gants, pour se saisir d'un ballon....). On pourrait aussi faire des dessins de cette sorte sur les semelles. En un sens, les empreintes digitales sont l'analogue des sculptures des pneumatiques.

De l'intérêt des bonnets de soutien-gorge

On le voit, l'explication finaliste est très limitée, en ce sens qu'elle ne dit rien, ou très peu de chose, de ce que sont réellement les empreintes digitales, ni de comment elles se forment. Y a-t-il un moule d'empreinte, qui forme ces dessins, comme il y en a chez Michelin pour les bandes de roulement des pneus ? Évidemment pas. Il n'y a pas non plus de moule du cœur ou du cerveau, pas de moule de la moule.

Le finalisme explique assez peu la morphogenèse, car la nature est parfaitement capable de fabriquer des organes efficaces pour certaines tâches, sans que cette tâche intervienne dans la fabrication. Ainsi, les empreintes digitales apparaissent à un moment où l'on chercherait en vain des branches dans l'utérus, pour y suspendre l'embryon (encore qu'il se saisisse parfois de son cordon ombilical). La nature semble donc fabriquer les organes dans l'ignorance complète de leur future fonction. Le raisonnement que nous venons de tenir pour les empreintes vaut pour les rotules : le fœtus ne court pas ; pour le poumon, le fœtus ne respire pas, et pour bien d'autres organes. Mais il vaut en partie seulement car, d'une part, les organes fonctionnent un tout petit peu dans l'utérus : le bébé remue ses jambes, s'exerce un peu à la respiration avec le liquide amniotique, etc. En outre, chacun sait que la fonction améliore l'organe. Il vaut quand même mieux faire du sport dans son enfance, pour développer ses bronches. Dans le cas qui nous occupe : les lignes d'empreintes digitales sont plus épaisses aux doigts de pied, sous l'effet de la marche.

On sait depuis fort longtemps qu'il existe un lien entre la forme des doigts, et celle des empreintes digitales. Chacun d'entre vous pourra remarquer que les doigts ont, très souvent, une sorte de bosse, de proéminence, au centre de la pulpe de la dernière phalange. Cela est en général moins vrai de l'index et du pouce, et davantage vrai des trois autres doigts. Chez certains, la proéminence est presque pointue. Or, si l'on fait bien attention, on notera que cette proéminence épouse très fidèlement les contours des lignes des empreintes. Si les empreintes vont un peu de travers, la pulpe des doigts va également de travers, si la boucle au centre du doigt est un peu basse, la bosse le sera aussi.

Il y a donc un lien entre la forme des empreintes et le détail de la forme du doigt. Mais quel est ce lien ? Il est fort simple à comprendre. Il tient au caractère tissé, fibré de ces empreintes digitales. Ces empreintes se comportent un peu comme un talon de chaussette : chacun sait qu'au talon de la chaussette, là où se referme la couture du tissu, il y a une petite éminence.

Ce type de couture est également employé pour fabriquer des bonnets de soutien-gorge. Sans être spécialiste, je sais, pour en avoir vu de près, comment sont cousus les soutiens-gorge, et pourquoi ils ont une petite éminence au centre, pointant fort judicieusement dans la direction convoitée. Le problème de la forme est donc en rapport avec l'orientation des fibres, et la façon dont elles se replient, se recousent ou recoupent. Il est clair qu'un tissu formé de fibres ne se comporte pas tout à fait comme un tissu uniforme. Nos doigts ne sont pas des cylindres avec une calotte sphérique au bout, parce que le matériau dont ils sont formés n'est pas homogène : il est fibré. D'ailleurs le terme même utilisé en biologie pour désigner le matériau vivant, la chair dont nous sommes faits, n'est-il pas « tissu » ?

Peut-on alors utiliser la notion de tissu pour construire une forme de doigt, à partir du tracé des empreintes digitales ? C'est le pari que relève, ou tente de relever, la construction d'un doigt montrée dans la figure 7.

L'idée est simplement la suivante.

Allons d'abord faire un petit tour ensemble sur une plage. Nous arrivons au soleil avec une petite natte en paille. Nous la déroulons sur le sable, et, dans cette action, sans y prendre garde, nous déroulons devant nous un matériau fibré, dont les fibres, justement, sont la paille même dont est faite notre natte de plage. Que faut-il observer à cet instant, pourquoi vous ai-je amené sur cette plage ? La paille est rigide dans la direction horizontale, la direction qui s'étale de droite à gauche devant nous, et bien plus molle dans l'autre direction, la direction qui nous fait face, le long de laquelle nous comptons bien nous coucher. La différence entre ces deux directions permet de rouler facilement la natte, pour en faire un rouleau qu'on portera plus aisément. On peut rouler la natte sans difficulté dans la direction horizontale, celle des fibres, mais on ne peut pas rouler la natte dans l'autre sens, car les fibres sont plus rigides dans la direction longitudinale. Ce fait est d'expérience courante, il est également apparent dans certains rideaux ou stores, qui sont posés avec les fibres dans la direction horizontale, de sorte qu'on peut les rouler aisément devant la fenêtre, alors que l'autre direction, l'horizontale, est très rigide.

Cette propriété des matériaux fibrés est ainsi mise en œuvre dans certains chapeaux, comme celui de la figure 8.

Par conséquent, si l'on regarde une empreinte digitale, ou le chapeau de la figure 8, on constate que les empreintes

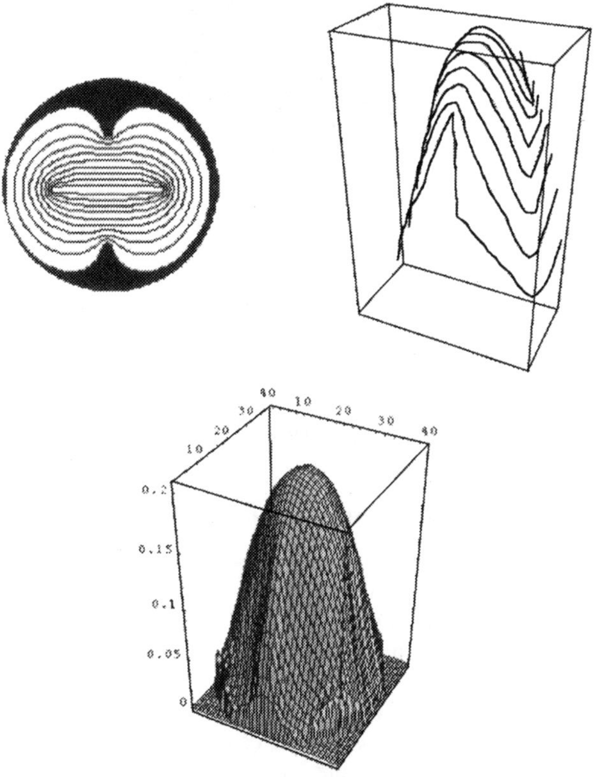

Figure 7. Construction d'un doigt avec des équations. La figure représente le calcul de la forme d'un doigt, à partir du tracé des empreintes digitales. Le dessin en haut à gauche représente l'empreinte choisie. En bas, la forme du doigt obtenue. À droite, la façon dont l'empreinte habille le doigt.

ont leurs lignes orientées avec la direction molle parallèle à l'ongle au bout du doigt, puis que ces lignes se replient de part et d'autre, pour se recoudre vers le centre comme sur le côté d'une chaussette (vers le talon). Peut-on alors faire un calcul mathématique de la forme d'un tissu qui serait cousu ainsi ?

Figure 8. Chapeau de paille d'Afrique du sud. On remarquera que la rigidité de la paille oblige à orienter les fibres sur la tête d'une façon qui engendre une couture sur le côté. Dans cette couture, une ligne de fibres termine en queue de poisson dans une ligne de fibres qui effectue un demi-tour. En prenant un peu de recul, on verra que ce chapeau est cousu, en fait, comme une empreinte digitale (schématiquement).

Comment calculer la forme d'un doigt ?

La figure de la page précédente montre que c'est possible. Le calcul est à la fois très simple et relativement compliqué. On suppose qu'on a un tissu fait de fibres tissées ou fibrées suivant un dessin qui est celui d'une empreinte digitale. Pour les besoins de la démonstration, on choisit un dessin d'empreinte un peu simple, comme celui de la figure 7, en haut à gauche. Pour ce qui est de la simplicité, on notera que l'empreinte est symétrique par rapport à l'horizontale. La barre au centre est supposée représenter l'ongle. Ainsi, selon ce calcul, le doigt n'a pas d'ongle et on fait l'hypothèse que l'empreinte est dessinée « recto verso » sur le doigt. (Après avoir introduit cette simplification, pour les besoins du calcul, j'ai appris que dans certaines malformations génétiques l'ongle est absent. Dans ce cas, le doigt porte effectivement des empreintes qui en font tout le tour.) Puis, on suppose qu'un os pousse par en dessous sur le tissu de sorte que ce tissu, qui sera pour nous la peau du doigt, est poussé en avant. En français, le mot « pousse » est particulièrement bien choisi, ce qui n'est certainement pas un hasard, la « pousse » s'accompagnant nécessairement d'une « poussée ».

Si le tissu était parfaitement homogène, uniforme, sans fibres, le bout du doigt serait en gros une espèce de tube avec un bout arrondi. Il est exact que le doigt *est* une espèce de tube avec un bout arrondi, mais nous avons dit qu'il y avait sur ce doigt une sorte de bosse qui accompagne le dessin des empreintes. On introduit donc dans le calcul une rigidité différente suivant qu'on regarde le tissu dans la direction des fibres, ou dans la direction orthogonale. On suppose, comme pour la petite natte qu'on emporte sur la plage, que les fibres sont plus rigides dans la direction des fibres, que dans la direction perpendiculaire, plus molle. On calcule ensuite la déformation d'une peau, poussée par un os (la dernière phalange), et qui pousserait sur une peau cousue comme une empreinte digitale. Le résultat apparaît dans la figure 7 (en bas). On trouve exactement, ou peu s'en faut, la forme d'un doigt de la main, plutôt qu'un doigt de pied, et plutôt un index qu'un majeur. Il y a bien entendu des nuances, dont il faudrait tenir compte. Nous verrons dans un chapitre ultérieur comment produire un doigt de pied. En fait, on peut jouer sur la forme de l'os qui pousse par en dessous, ou bien sur la différence entre la rigidité dans une direction, et la rigidité dans l'autre ; on trouvera des doigts plus ou moins pointus, avec des bosses au centre plus ou moins grandes.

Ce qui est remarquable, dans ce calcul, c'est qu'avec une hypothèse somme toute sommaire (la peau du doigt, et finalement l'ensemble du doigt, prend la forme imposée par la mécanique du dessin des empreintes digitales) on peut construire une solution mathématique du problème qui donne effectivement des formes de doigts. Du point de vue scientifique, il y a trois étapes dans ce type de démarche. D'abord l'hypothèse que le nappé de fibres joue un rôle dans la forme. C'est une idée simple, mais qui s'impose lentement, sans qu'on puisse parler d'une démarche déductive. L'idée suffit à la satisfaction intellectuelle du chercheur. Ensuite, il faut trouver les équations mathématiques permettant de faire le calcul correspondant à l'idée, pour en convaincre les collègues. C'est cette partie technique, la plus difficile et pénible au quotidien, qui est passée sous silence, lorsque je me contente de donner le résultat. Enfin, il faut simplifier le problème, car les équations mathématiques en question sont insolubles dans l'état actuel des moyens techniques. Il faut ensuite défendre ces simplifications auprès de la communauté scientifique : il y a les adeptes d'une grande rigueur qui contesteront le bien-fondé de telle ou telle simplification. Un excès de *rigueur* rend un calcul exact *rigoureusement* impossible.

Le calcul de la forme d'une membrane en équilibre est du même genre que le calcul de la forme d'une bulle de savon. Mais dans le cas correspondant aux empreintes digitales, il faut imaginer une bulle de savon qui serait cousue comme le montre la figure 9.

Cette couture est l'équivalent sur une sphère de ce qui se trouve sur le bout de vos doigts. Si vos doigts étaient sphériques, voilà quelle pourrait être leur empreinte digitale. Le tracé, en fait, suit le même type de couture que ce que l'on trouve sur une balle de tennis. La différence est ici que toutes les fibres suivent le même tracé, ce qui suppose un fil en cul-de-sac à quatre endroits (il y en avait deux sur le chapeau). On voudrait alors faire le *calcul* de la forme d'une sphère cousue ainsi. On peut s'étonner d'une obstination à vouloir tout calculer, mais enfin, c'est à cela que sert la science. Pour effectuer le calcul de la forme d'une surface, d'un chapeau ou d'une balle de tennis cousue comme une empreinte digitale, il faut résoudre des équations de déformations mécaniques à la surface d'une *sphère*. La résolution de ce type d'équations pose de grandes difficultés, d'abord parce que ces équations sont complexes, mais, surtout, parce qu'il est très difficile de résoudre des problèmes sur une sphère.

Figure 9. Sphère cousue suivant un tracé d'empreinte digitale. Le résultat est semblable à une couture de balle de tennis.

Il est temps de rappeler la promesse que je vous ai faite. En regardant vos doigts, le nappé de vos empreintes digitales, et la forme de la pulpe de vos doigts, vous comprendrez quelque chose sur vous : votre identité (au sens judiciaire) est davantage qu'une métaphore. Vos empreintes digitales vous construisent, en tant que forme. Votre structure est intimement liée au dessin que vous portez sur vos doigts, et à la rigidité du matériau fibré dont vous êtes faits. Dans le ventre de votre mère, vers six ou huit semaines, les empreintes digitales sont apparues sur vos doigts, et ont donné à leur extrémité la forme qu'elle a. À cet instant, vos doigts ont cessé d'être des sortes d'ampoules pour prendre à peu près la forme qu'ils ont aujourd'hui. La petite bosse au centre de vos doigts est liée au nappé de vos empreintes. Vous pouvez vérifier en regardant vos doigts par la pointe, pour ainsi dire « en coupe », vous verrez alors que la pulpe de vos doigts penche dans la direction où penchent les boucles de vos empreintes digitales. Cela n'augmentera pas vos chances de gagner au loto demain, mais cela vous ouvrira peut-être à un domaine de la science qui aurait pu vous paraître abscons : la morphogenèse.

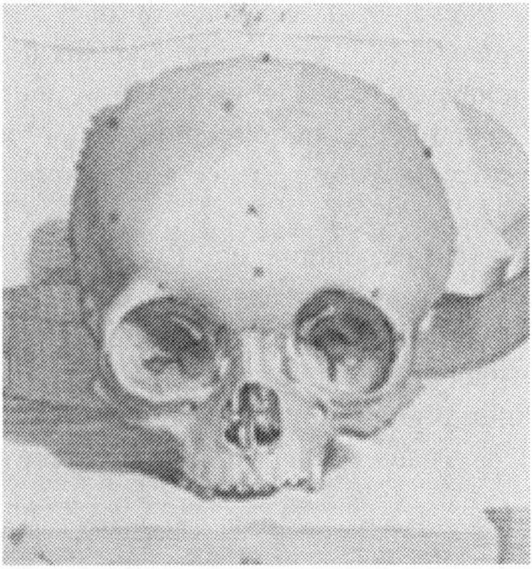

Chapitre II

LES CAROTTES NE SONT PAS DES SPHÈRES

Dans un texte fameux, Galilée décrit le grand livre de la nature dans ces termes : « la nature est un grand livre ouvert devant nos yeux, et il est écrit en caractères mathématiques, les mots en sont le triangle, le rectangle, le cercle, la sphère, le cône, la pyramide, etc. »

Cette phrase est entrée dans la culture, elle est parfois écrite en lettres capitales sur les murs des classes de lycée, non loin d'autres comme « la science n'a pas besoin de martyrs », « si j'ai pu voir plus loin c'est parce que j'étais debout sur les épaules de géants [1] » ou bien « E = mc [2] ». Prononcée par Galilée, la phrase relative aux formes de la nature a quelque chose des tables de la Loi ; elle fonde en un énoncé génial la démarche scientifique (si toutefois on y ajoute le recours à l'expérience comme preuve ultime des lois).

C'est le même programme que l'on essaie d'appliquer lorsque l'on calcule la forme d'un doigt, comme j'ai essayé de le faire au chapitre précédent. La forme du doigt est sortie, finalement, d'une prise en compte de la forme des empreintes digitales, et de la manière dont l'os pousse sur la peau. Vous aurez remarqué que j'ai caché autant que

1. Un étudiant du MIT en stage au laboratoire, Wesley Watters, m'apprend que Murray Gell-Mann, physicien des particules très renommé, a eu cette phrase également retentissante : « si j'ai pu voir plus loin, c'est parce que j'étais entouré par des nains ».

2. Ceci n'est pas une note.

possible le comment de la formation des empreintes elles-mêmes. Je l'ai dit plus haut : le dessin des empreintes semble bien plus compliqué que la forme des doigts, et, ma foi, elles ne ressemblent guère à des cercles ou des rectangles. Il va falloir autre chose pour les décrire. Ainsi, en admettant même que le doigt est presque un tube fermé avec une calotte sphérique au bout, le problème de l'empreinte digitale nous reste sur les bras, on y reviendra vers la fin de ce chapitre.

Le reproche que l'on fait souvent à Galilée (il faut oser !), notamment s'agissant de cette phrase, c'est qu'on a du mal à percevoir autour de nous des pyramides, des sphères, des rectangles, etc. On a l'impression d'une sorte d'ivresse de la géométrie, en particulier chez les savants des XVIIe et XVIIIe siècles, qui invite à attribuer une grande place, un grand rôle, à ces formes très régulières, alors qu'au fond, à y bien regarder, de telles formes n'existent pas ou peu. Il y a des erreurs qu'on peut comprendre par le développement des disciplines ou des moyens techniques à un moment donné, il y en a d'autres, comme celle-là, qui doivent avoir une raison différente, plus profonde, une raison proprement intellectuelle. L'ivresse géométrique est d'origine platonicienne : depuis les Grecs anciens, on attribue un sens particulier aux justes proportions, aux rapports géométriques, et l'on s'obstine à les trouver dans la nature. Un minimum d'objectivité montre que ces formes sont plutôt l'exception que la règle.

Dans le domaine des formes naturelles d'origine physique, seules les bulles de savon (figure 1) évoquent des sphères ; à la rigueur les contours des planètes, pour qui ne sait pas qu'elles sont légèrement aplaties aux pôles (ou si l'on préfère, renflées à l'équateur), à cause de leur rotation. Si l'on se tourne vers de petites choses rondouillardes, on trouvera rarement, sinon jamais, des sphères. Les galets ne sont jamais sphériques, et les objets compacts les plus ramassés, comme les cristaux, ne le sont pas davantage. En règle générale, ces objets sont facettés, ou bien légèrement arrondis, avec des coins. Si l'on songe aux plus proches approximations des sphères dans le domaine biologique, on pensera aux oranges, aux cerises, ou à des formes du même genre. Les noix de coco, par exemple, ne sont absolument pas sphériques, et les noyaux d'avocats non plus. Il est bien difficile, sinon impossible, de citer des formes biologiques dont on puisse dire à coup sûr qu'elles sont parfaitement rondes, sphériques. La Terre est bleue comme une orange, disait Eluard, on pourrait ajouter : la Terre est ronde comme une carotte.

Pour illustrer plus avant notre propos, regardons la figure 1. À droite, une bulle de savon, quasiment sphérique. À gauche, un oignon, dont on ne sait trop comment le décrire, sinon qu'il est en forme d'oignon. Au centre, un cristal, dont on ne sait pas trop quoi dire non plus, sinon qu'il a des coins. On pourra penser que cet oignon est presque une sphère, et que c'est pinailler que d'insister sur l'écart à la sphère. Nous allons voir que cette chicanerie ouvre de réels horizons.

Figure 1. Oignon, bulle de savon, cristal.

L'oignon est-il cousin du cristal ?

Admettons, pour les besoins de ce chapitre, que l'oignon, la bulle de savon et le cristal constituent le triplet des formes les plus simples qui existent. D'un côté, une forme biologique très simple, de l'autre, une forme physique très simple. Ni l'une ni l'autre ne sont sphériques. Entre les deux, la fameuse sphère-bulle de savon qui nous permet de pousser un ouf de soulagement : bon, il y a quand même des sphères, même si ce n'est pas très courant. Remarquez bien qu'on sait produire des bulles de savon gigantesques, de l'ordre de un mètre de diamètre, et

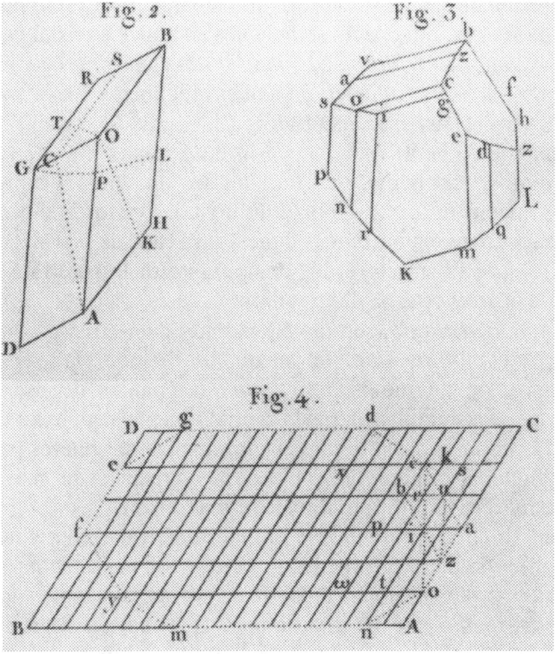

Figure 2. Représentation de la molécule intégrante de René-Just Haüy (1781). En bas, un schéma simple, dû à Haüy, d'empilement de losanges ; à droite, le cristal dont le contour s'appuie sur des points précis de l'empilement.

qu'elles ne sont pas sphériques : elles ont des formes allongées, dansantes.

Nos deux formes non sphériques de la figure 1 ont cependant un point commun : elles ont des bouts pointus. Ainsi, une extrémité de l'oignon est pointue. C'est assez évident si on regarde l'oignon par la tranche, dans le sens vertical : il y a quelque chose comme un coin, au bout. On peut en dire autant des cristaux, ils sont un peu arrondis, parfois, avec des raccords de facettes en coins. Naturellement, on aurait du mal à couper le cristal par la tranche. Cependant, c'est une expérience de ce genre qui est, en partie, à l'origine de la compréhension des formes cristallines. Un matin de 1774, l'abbé René-Just Haüy fit tomber un cristal de calcite sur le sol. En tombant, ce cristal se brisa en morceaux, qui étaient semblables au tout. Le cristal principal avait l'air d'être fait de petits bouts aux formes géométriques, presque cubiques, en tout cas régulières.

L'abbé Haüy en conçut alors l'idée que le cristal était constitué de petits morceaux « infinitésimaux », ou, à tout le moins, fort petits, qui, empilés les uns sur les autres, restituaient la forme globale du cristal. Quelques chroniqueurs chauvins attribuent donc à un Français la « découverte » de la structure des cristaux, voire la paternité de toute la science cristallographique.

Il va de soi que, comme Newton, et peut-être de bonne foi, c'est-à-dire sans le savoir lui-même, Haüy était debout, ou au moins assis, sur des épaules de géants. Parmi ceux-ci, quatre grands esprits : Kepler, qui avait dès 1611 proposé une structure en empilement de sphères pour expliquer l'origine des angles des cristaux de neige ; Érasme Bartholin, qui l'avait reprise et diffusée ; Christiaan Huygens, qui avait le premier décrit un empilement régulier de parallélépipèdes ; et enfin Nicolas Sténon, qui avait le premier énoncé la loi de constance des angles dans les cristaux d'une famille donnée. Cette loi de constance des angles stipule que, sur un échantillon d'un cristal d'un type donné, les angles des arêtes sont toujours les mêmes. Ce sont, en principe, et si on extrapole vers l'invisible, les angles de la plus petite chose contenue dans le cristal. On a beau empiler ces petites choses, on aboutit, sur un gros morceau, aux mêmes angles que sur un petit. Haüy avait appris cette loi de Romé de l'Isle, qui l'avait redécouverte vers 1772.

Le mérite de Haüy est d'avoir exploré systématiquement la géométrie de ces empilements, avec des outils mathématiques sérieux (principalement la trigonométrie). Il a proposé une classification systématique des formes et géométries de cristaux, et rédigé des traités de minéralogie qui ont encore leur intérêt. Il a formulé ou senti des lois de symétrie, des règles de construction des cristaux.

La molécule intégrante de Haüy a complètement disparu de l'enseignement, et de la science en général ; ce n'est plus qu'un vague souvenir, encore vif dans l'esprit de quelques historiens des sciences. Son lointain descen-

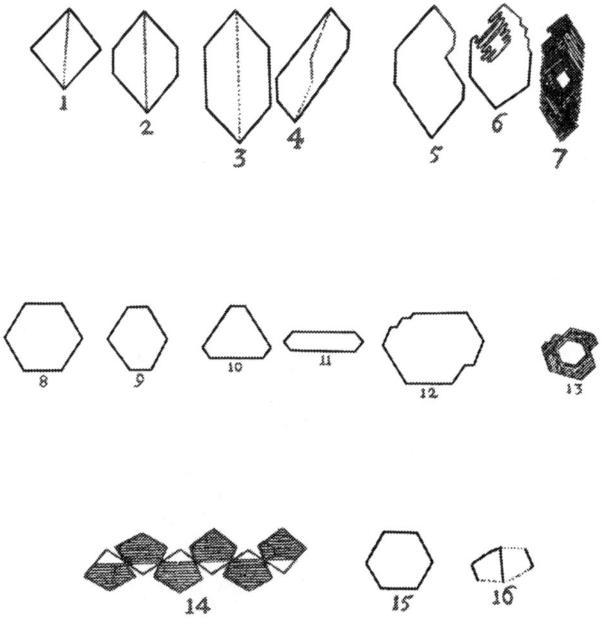

Figure 3. Planche du *Prodrome* de Nicolas Sténon, montrant quelques cristaux de formes différentes, mais présentant des angles identiques (1669). Sténon énonce brièvement dans son texte la loi de constance des angles.

dant est bien entendu l'atome, et ce qu'on appelle la maille cristalline. On sait bien, aujourd'hui, que les cristaux sont constitués d'un empilement régulier d'atomes ou de molécules, qui s'entassent en essayant de remplir l'espace et en laissant le moins d'interstices possible. Cet empilement se caractérise par sa régularité, dans toutes les directions. Les angles que l'on retrouve dans les cristaux sont des angles entre plans d'atomes, en général des angles de la maille cristalline élémentaire (le plus petit motif permettant de reproduire tout le cristal), ou des angles s'appuyant sur des distances plus grandes. Expliquons un peu ce point.

La figure 5 (ci-contre) montre un dessin, fait d'un alignement régulier de cercles. On peut penser aux arbres de la figure 4 (ci-dessous), vus en coupe, ou sur un plan. On constate que, suivant qu'on regarde la pépinière dans une direction, ou dans une autre, on voit un alignement parfait d'arbres, mais avec des intervalles différents entre les arbres.

Si l'on exige que le contour de la pépinière raccorde des alignements parfaits d'arbres, on peut tracer une pépi-

Figure 4. Jardin d'arbres plantés de façon extrêmement régulière. Suivant la direction de visée, on voit des alignements d'arbres d'écartements distincts. On peut se demander si cet alignement n'a pas quelque chose de militaire.

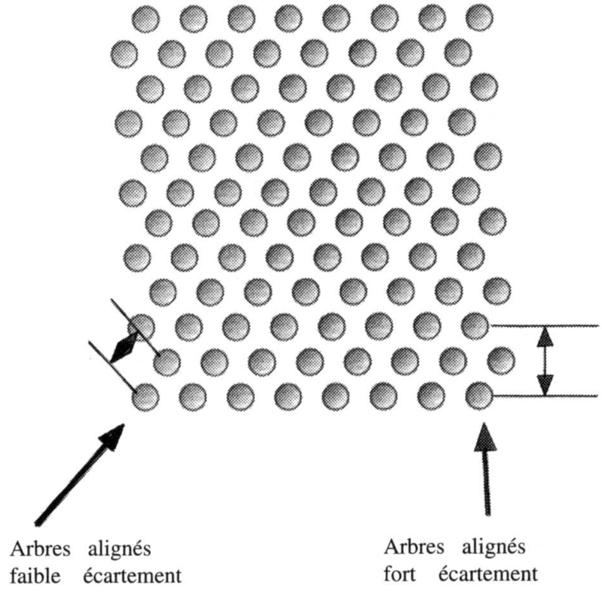

Figure 5. Pépinière d'arbres vue en plan. Si on regarde les arbres suivant la direction oblique on voit des arbres alignés, en rangs assez serrés. Si on regarde suivant la direction longitudinale, on voit des arbres alignés, mais avec un écartement plus grand. Dans cette pépinière, la molécule intégrante est un triangle, qu'il suffit de reproduire à l'infini pour obtenir un dessin aussi grand qu'on veut.

nière triangulaire, dont les côtés s'alignent sur la « molécule intégrante » de la pépinière (un triangle tout petit), ou bien une pépinière aux côtés moins symétriques, dont certains s'appuient sur des alignements d'arbres dont l'écartement est plus grand que dans la « molécule intégrante » de la pépinière (dans la figure 6, page suivante, les côtés verticaux de l'octogone correspondent à des écartements plus grands).

Ainsi, on comprend que la pépinière doit avoir des coins dans des directions d'alignement des arbres, et des côtés dans d'autres directions, suivant lesquelles les arbres sont également alignés, mais avec des écarts différents.

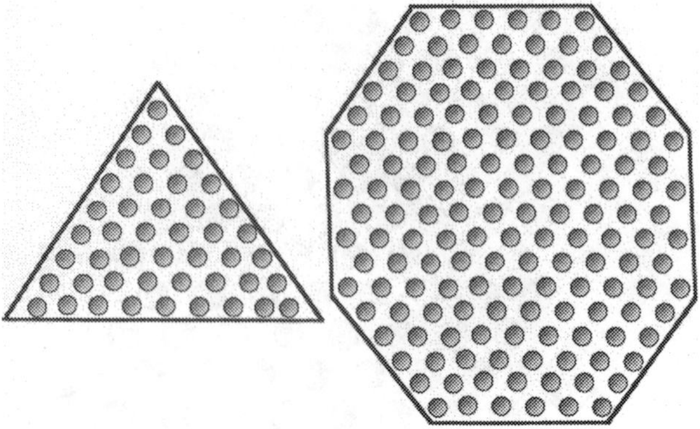

Figure 6. Contour d'une pépinière d'arbres, suivant qu'on coupe à 120°, ou suivant des angles différents. On peut obtenir des formes différentes, en ayant toujours des côtés avec des arbres alignés ; des coins raccordent les différentes faces (ici, d'un octogone).

Mais pourquoi la forme extérieure d'un cristal (de la pépinière d'atomes) est-elle régulière, pourquoi le cristal n'est-il pas sphérique, ou bien même n'importe quoi : une barbe à papa ou une chose *molle et laide* [1] ? On peut simplement constater l'existence de ces angles et l'expliquer par des coupes dans des distributions régulières d'atomes alignés, comme nos arbres dans la pépinière, cette explication ne dit rien de comment sont effectivement déterminées les positions des coupes, comment la nature choisit ces directions d'alignement, quel est l'agent qui fait office de main du jardinier-paysagiste.

Entrez dans la ronde

Pour comprendre la forme des cristaux, et celle des bulles de savon, puis ensuite celle des topinambours et des navets, il faut revenir aux farandoles de notre enfance. La ronde que nous faisions dans les classes de maternelle en chantant *Maman les petits bateaux* nous expliquera pour-

1. Jean de Brunhoff, *Babar*, à propos des compagnons du malheur.

quoi les bulles de savon sont sphériques, et pourquoi les cristaux et les légumes ne le sont pas.

Replaçons-nous donc en un autre lieu, une autre époque, quelque part dans nos souvenirs. Dans un coin, un mange-disques *Radiola* à saphir joue une comptine pour enfants, et la maîtresse nous propose de former une ronde. Comme son nom l'indique, la ronde est ronde. Au début, nous tournons lentement, puis, nous nous écartons les uns des autres en chantant et tournant plus fort. On voit bien que, si tout le monde tourne très vite en s'écartant très fort, et en se tenant très fort par les bras, les danseurs de la ronde formeront un cercle. Quelle en est la cause ? La forme ronde de la ronde est le résultat de l'équilibre de chacun sous l'effet d'une force qui pousse vers l'extérieur – les pieds qui poussent (et la force centrifuge) –, et d'une force qui retient les enfants les uns aux autres – la force de traction sur les mains. La preuve que les mains tirent, c'est que si deux personnes se lâchent, elles s'écartent et tombent.

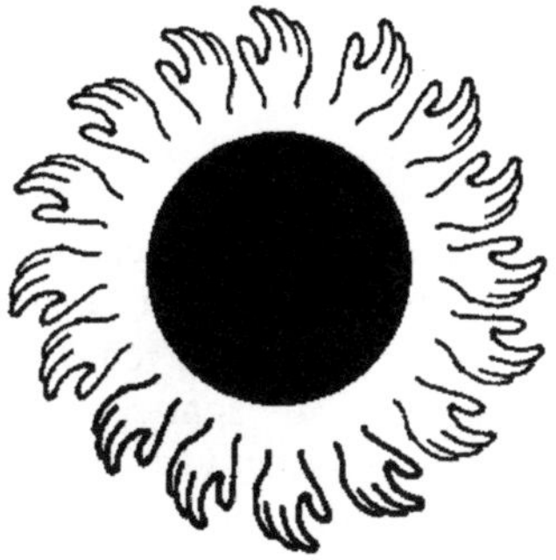

Figure 7. Quand une ronde de petites mains est composée de mains toutes identiques, elle prend la forme d'un cercle, sous l'effet d'une force poussant par l'intérieur.

Par conséquent, si nous prenons dix enfants, qui s'éloignent avec leurs pieds et se retiennent avec leurs mains, ils forment un cercle. C'est exactement, ou peu s'en faut, la situation dans une bulle de savon. Les enfants sont de petites molécules qui se tiennent par des mains chimiques, et qui sont repoussées, non pas par leurs pieds, mais par l'air qui pousse à l'intérieur de la bulle. Le bilan est une sphère, de même que la ronde est circulaire, parce que tout le long du contour, les petites mains se tiennent avec la même force. C'est le même genre d'effet qu'on observe dans un ballon de baudruche : l'air pousse, mais les molécules de caoutchouc se tiennent les unes aux autres. L'équilibre forme un rond. Ce rond est parfait si la feuille de caoutchouc est uniforme. Chacun sait pourtant que les ballons d'anniversaire sont rarement sphériques : l'épaisseur du caoutchouc n'est pas constante, et, au final, les ballons ne sont pas tout à fait ronds.

Les petits bras et les gros bras

Dans le cas des cristaux, la situation est assez proche, conceptuellement, de ce que j'ai décrit pour la ronde des enfants, ou de ce que je viens de dire des ballons en caoutchouc. Il y a une petite main qui relie chaque atome à ses voisins, cette petite main est un électron, en général, mais il peut y avoir des nuances. À vrai dire : peu importe ce qui tient les atomes entre eux ; ce livre est un livre sur les formes, pas un livre de physique atomique ou nucléaire, Dieu merci, encore moins un livre de chimie. Par conséquent, pour notre propos, on admettra que les atomes se tiennent par la main.

Le problème est que lorsqu'on regarde les « enfants-atomes » de notre ronde, ils sont répartis le long d'un rond. Or, si je cherche à former une grande ronde en coupant la pépinière de petits cercles dont j'ai parlé plus haut, je dois passer à travers des cercles qui ont un environnement très différent ; il y a des atomes avec, en moyenne, des voisins proches, d'autres avec des voisins plus lointains. De ce fait, on peut dire que les mains et les bras qui retiennent les atomes entre eux n'ont ni la même longueur ni la même force : il y a des gros bras, et des petits bras. Les gros bras sont dans certaines directions du cristal, les petits bras dans d'autres. La force d'un bras dépend de son orientation dans le cristal, parce que, dans un cristal, toutes les directions ne sont pas équivalentes. C'est pour cela que tous les cristaux ne sont pas cubiques, et c'est pour cela que les cristaux ne sont pas sphériques. Imaginez une ronde qui serait formée avec des petits et des grands, elle a peu de chances de rester ronde longtemps.

La dépendance en fonction de l'orientation est régulière dans un cristal régulièrement formé ; cette dépendance n'est pas régulière, par exemple, dans un ballon en caoutchouc. La quantité de caoutchouc coulée pour les besoins du ballon n'est pas très bien ajustée. En général il y a plus de caoutchouc vers le bout, et le ballon est pointu au sommet. Pour un groupe d'« atomes-enfants » répartis sur un réseau cristallin, l'équilibre des atomes situés le long de la surface n'est plus aussi simple qu'un équilibre d'enfants se tenant par la main : il faut prendre en compte le fait que les forces d'attachement ont des intensités variables. La surface est plus raide à certains endroits (gros bras), plus molle à d'autres (petits bras). Mais la force totale est la même, le contour ne sera donc pas rond.

Si l'on se penche plus sérieusement sur les cristaux, on se convaincra aisément que les forces d'attachement sont variables : il y a des plans très denses, où il y a beaucoup d'atomes serrés les uns contre les autres, et des plans peu denses, où il y a moins de monde, les atomes sont à l'aise. Les forces d'attachement doivent donc être plus fortes ou plus faibles dans certains plans, et c'est pour cela que les cristaux ne sont pas rigoureusement sphériques. Ces différences tiennent aux liaisons atomiques entre atomes, et là, il faudrait effectivement rentrer dans la description atomique des corps, de ce qui distingue le fer du cuivre ou de l'or, pour comprendre exactement les directions où il y a des gros bras et les directions où il y a des petits bras.

Il existe une construction géométrique qui permet de calculer la forme d'un cristal, connaissant la rigidité de la surface dans toutes les directions, c'est-à-dire la répartition des gros et des petits bras. Cela s'appelle la construction de Wulff, et c'est la podaire, en coordonnées polaires, de la force des bras. Je renonce humblement à exposer en détail ce qu'est une podaire, mais je mentionne son existence car c'est le genre d'outil mathématique qui permet de tracer des formes. Il va sans dire que Galilée avait raison sur l'essentiel, on *peut* construire les formes avec des outils mathématiques, et cette construction en est un très puissant. Il ne donne des sphères ou des cubes que dans des cas limites peu fréquents. La construction permet de former le contour, lorsqu'on connaît la distribution des gros bras et des petits bras le long du contour.

La figure 8 montre un exemple. On suppose qu'il y a des gros bras dans les directions verticales et horizontales ; et des petits bras dans les directions obliques. Si on connaît le contour des bras, on en déduit le contour de la ronde. La forme de la ronde n'est pas directement le contour des bras, car ce qui compte, ce n'est pas exactement la force individuelle des bras, mais comment les bras varient d'une enfant à l'autre. Dans cet exemple, mathématiquement exact, la ronde n'est pas ronde, elle est plutôt… carrée.

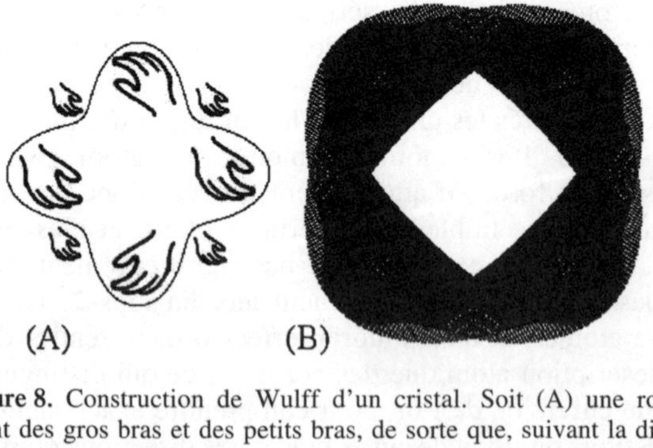

Figure 8. Construction de Wulff d'un cristal. Soit (A) une ronde ayant des gros bras et des petits bras, de sorte que, suivant la direction où l'on regarde, la force n'est pas constante. On représente la force par la distance au centre. Ici, c'est, par exemple, une ronde dont les enfants n'auraient pas tous le même âge : les gros bras seraient regroupés dans les directions horizontales et verticales les petites mains dans les directions à 45°. La forme de la ronde (B) – et, plus généralement, celle des cristaux – s'obtient en traçant une courbe qui est l'enveloppe des droites orthogonales à la force des bras. Le résultat est un peu pointu dans les directions horizontales et verticales.

Alors, est-ce qu'on peut comprendre pourquoi le ballon d'anniversaire n'est pas sphérique ? La raison est simple : les ballons d'anniversaire ont le bout plus épais. Je ne sais pas comment « ils » s'y prennent pour couler le caoutchouc, mais le bout est manifestement plus épais, sans doute parce qu'ils sont faits en coulant vers le bas, où descend le caoutchouc liquide avant son durcissement. Vers le bas (qui devient le haut quand on gonfle et tient le ballon par le nœud) la surface résiste plus. De ce fait, le ballon est un peu en forme de citron, vers le bout, là où il est plus costaud (« gros bras »). Je ne veux pas entrer dans le détail, parce que, franchement, je ne sais pas trop comment sont faits les ballons d'anniversaire. En revanche, on peut comprendre maintenant pourquoi les navets ou les oignons ne sont pas sphériques.

Dessine-moi un oignon

Pourquoi les oignons ne sont-ils pas sphériques ? J'ignore si les biologistes, les botanistes en particulier, se sont jamais posé cette question. La forme générale des légumes n'est pas tellement un sujet de recherche pour les botanistes. Les botanistes s'intéressent plutôt à des problèmes de lutte contre différentes vermines, à des problèmes de rendement des cultures, ou de résistances au froid, aux pesticides et herbicides, etc. Ce n'est que depuis peu qu'ils se sont intéressé à la question de la morphogenèse des plantes, dans le but d'augmenter la fructification, par exemple. Si on pouvait remplacer un certain nombre de branches portant des feuilles par des branches portant des fruits (grain, épi...), on augmenterait évidemment les rendements. Pour cela, il faut bien comprendre ce qui distingue la formation d'une feuille de la formation d'une fleur puis d'un fruit (grain, épi...). Encore faut-il ajouter que cet intérêt passe essentiellement par le truchement de la génétique, et qu'il concerne surtout des chercheurs étrangers, si les quelques collègues français, de l'INRA en particulier, qui étudient cette question veulent bien me pardonner. Pour me couvrir, je citerai simplement un rapport récent de l'Académie des sciences, qui considérait qu'il n'y avait en France pas plus de cinq personnes s'intéressant sérieusement à la question de la morphogenèse des plantes. J'aimerais bien rencontrer les quatre autres.

J'ai décrit ci-dessus la façon dont Haüy a eu l'idée de l'organisation des atomes dans les cristaux. Avec la même maladresse, il n'aurait pu découvrir l'organisation des légumes. Laissons tomber un légume, que se passe-t-il ? Rien. Il fait *flop* par terre, et puis c'est tout. Recommençons avec un fruit, au pire il éclatera un peu, et du jus s'en écoulera. La matière vivante ne se casse pas en tombant. À la rigueur, un os de jambe se cassera, mais là, justement, on revient à quelque chose de cristallisé, de solide, et cela fait toute la différence. Le tissu vivant, visiblement, est un peu mou, relativement souple, et il absorbe volontiers les chocs. On en comprend la raison ; il n'est pas souhaitable, pour un être vivant, de se décomposer en petits morceaux à la moindre chute, fussent ces morceaux des modèles réduits du tout. Ce n'est pas ainsi que les êtres vivants se reproduisent. D'ailleurs, n'y pensons même pas : s'il fallait se jeter contre un mur et produire des débris pour se reproduire, la vie aurait beaucoup moins d'intérêt.

Le tissu vivant a quelque chose de gélatineux, au sens propre. Il est composé pour les trois quarts d'eau, et les trois quarts du quart restant sont composés d'une gélatine plus ou moins raide. La gélatine du commerce est extraite, pour être exact, des animaux (peau de bœuf, cartilage), ou de certaines algues (depuis l'affaire de la vache folle, on cherche à remplacer la gélatine d'origine animale par la gélatine d'origine végétale). L'autre nom de la gélatine, c'est le collagène, qu'on retrouve dans toutes sortes de préparations cosmétiques, dans des bonbons, etc. Quand ce n'est pas de la gélatine (collagène), c'est du bois (cellulose, lignine), de l'ongle (kératine) ou de la carapace d'insecte ou de crustacé (chitine). Ces molécules sont très proches les unes des autres. Par exemple, la chitine des carapaces de crabes est très proche de la cellulose du bois, rien d'étonnant à ce qu'on ne mange ni l'un ni l'autre.

J'ai expliqué ci-dessus que les cristaux ne sont pas des sphères car les forces de tension qui agissent sur le contour dépendent de l'orientation. La force qui pousse sur le contour par l'intérieur rencontre une résistance qui dépend de l'orientation. Est-ce qu'un mécanisme du même genre pourrait expliquer la forme des oignons, des citrons et autres contours non sphériques en botanique ?

Dans les solides cristallins, on trouve des atomes alignés au cordeau, les uns derrière les autres. Rien de tel en botanique. En botanique, l'ordre est un ordre de fibres, attachées les unes aux autres, et formant des anneaux, des boucles, des faisceaux de fibres, comme les anneaux des arbres. Quelle est la caractéristique des légumes ? Ils sont filandreux. On applaudit quand une préparation culinaire parvient à ramollir les fibres et à faire disparaître sous la dent cet aspect des végétaux qui provoque en général une sensation désagréable. Les légumes aussi ont des anneaux, ou bien carrément des couches empilées les unes sur les autres comme des peaux d'oignons, c'est particulièrement vrai des oignons, aurait dit M. de La Palice. Un ordre du même genre est apparent dans les abdomens des insectes, et dans les défenses de toutes sortes d'animaux, comme les dards des arthropodes. Si l'on regarde l'antenne d'un homard, qu'on ne saurait se payer, à la vitrine d'un magasin de luxe, on constatera que cette antenne est faite d'un empilement de disques, qui se rétrécissent régulièrement pour finir en pointe.

Un ordre de ce type existe dans certains paniers en osier, ou dans des ronds en raphia, utilisés comme sous-plats ou dessous de bouteille, et qui sont attachés en anneau. À la différence du chapeau du chapitre précédent, il n'est point besoin de couture ici. On roule les cordelettes en cercle, et on les attache les unes aux autres, j'ai fait moi-même un disque en raphia de ce genre, il y a longtemps, pour une fête des mères, bien avant de m'intéresser à ces questions. Or, c'est un fait d'expérience courante qu'un rond en raphia ou un panier est plus raide vers le centre que vers le bord. En fait, dans toutes ces structures faites de fibres et d'anneaux, les fibres convergent vers le « pôle », où les anneaux se rétrécissent. Chacun connaît la distribution en méridien et parallèles des cartes de la Terre, c'est une distribution du même genre qu'adoptent les fibres dans les fruits et légumes : on le voit immédiatement quand on tranche un oignon (travaux pratiques). Il y a des fibres qui convergent vers les pôles (méridiens), et des fibres attachées dans la direction azimutale, à « latitude » constante (parallèles à l'équateur, si on veut). Ça crève les yeux. Quand on dessine des lignes sur une carte, on ne prétend pas changer la face du monde, c'est juste un dessin. Mais si l'on couche des fibres suivant des méridiens et des parallèles, il y a fort à parier qu'on *va* changer la face du monde. Pourquoi ? parce que la force de traction de la surface, la petite main (ou la grosse main) dont nous avons parlé plus haut, qui tient ensemble les « choses » dont la surface est constituée, va dépendre du tracé des fibres, puisque ce sont elles qui *tiennent* (les légumes, en l'occurrence). Quand on se rapproche du pôle, les fibres sont plus concentrées (effet de convergence des méridiens), et elles sont attachées de façon plus serrée (effet de rétrécissement des parallèles) : résultat, plus on s'approche du pôle, plus c'est raide. À la limite, *au bout du bout*, c'est infiniment raide, car les fibres sont infiniment concentrées, les anneaux très serrés. C'est également probablement pour cette raison que les fruits, les légumes, et les plantes en général sont plus raides vers le « noyau », vers le centre (cf. les carottes, les ananas), dans une région que souvent l'on ne mange pas : c'est trop dur.

En tout état de cause, si je veux dessiner la forme d'un oignon, d'un navet, d'un citron, il faut tracer la distribution des petites mains sur la surface, c'est-à-dire, dans le cas des fibres, la concentration en fibres, puis former la construction de la forme. J'ai dit que le ballon de baudruche n'était pas sphérique, car au bout le caoutchouc est plus épais ; les navets ne sont pas sphériques, car au bout les fibres sont plus concentrées. Dans les deux cas, c'est un effet de raidissement : caoutchouc plus épais dans un cas, tissu plus filandreux dans l'autre. Et je vous dessine donc un navet (figure 9).

Cela nous amène à la première borne ou pierre de touche de notre étude des formes. La différence essentielle entre les formes animées et les formes inanimées peut se résumer à ceci : un cristal d'atomes forme des structures géométriques « cuboïdales », « pyramidales », etc., régu-

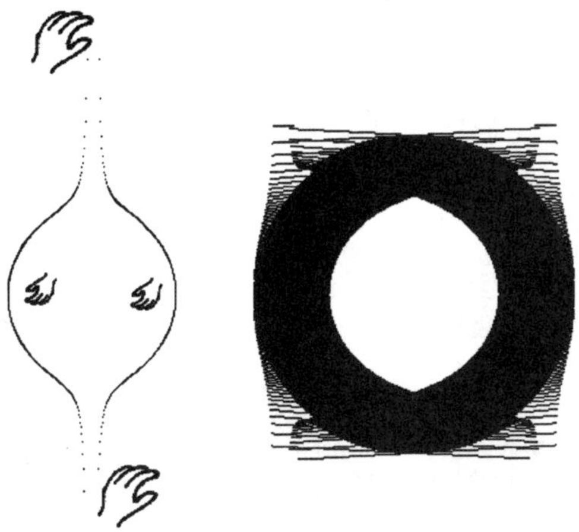

Figure 9. Tracé mathématique de la forme d'un navet. C'est-à-dire de la forme d'une boule qui serait fibrée avec des fibres qui convergent vers le pôle, comme dans les légumes. La concentration des fibres au pôle provoque un effet de raidissement de la surface symbolisé par de grosses mains (la surface est plus raide). Au fur et à mesure qu'on se rapproche du pôle, cela devient de plus en plus difficile de courber l'interface, parce que c'est de plus en plus filandreux. Au final, la surface se termine par une pointe, équivalente au coin des cristaux, ou de la petite proéminence des ballons de baudruche.

lières dans toutes leurs directions, avec des plans et des coins reliant les plans. Un cristal de fibres forme, lui, des structures en fuseau, en navet, en citron, en échalote ou tout ce qu'on voudra, avec des pôles où convergent les fibres. On peut représenter tout cela dans un dessin que je souhaite le plus clair possible ; on ne pourrait retenir que cela : des petites boules empilées font des formes cuboïdales ; des petites fibres alignées font des formes en fuseau.

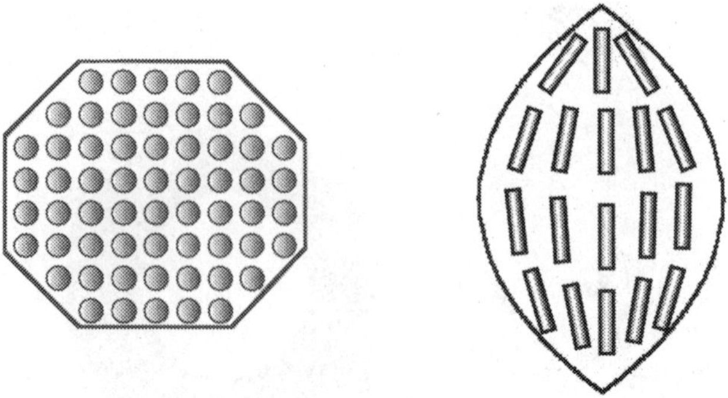

Figure 10. À gauche, un cristal d'atomes : la forme est cuboïdale, géométrique, facettée, c'est un minéral. La différence de force, le long du contour, est due à des différences d'environnement des atomes. À droite, un cristal de fibres : la forme en fuseau est représentative des végétaux. La différence de force, le long du contour, est due à une différence de densité et de courbure des fibres.

Elles se croient terribles avec leurs épines…

Dans le livre de Saint-Exupéry, le petit prince demande au pilote de l'histoire, à propos des fleurs :

« – Les épines, à quoi servent-elles ?

J'étais très irrité par mon boulon et je répondis n'importe quoi : – les épines ça ne sert à rien, c'est de la pure méchanceté de la part des fleurs ! »

Ma foi, oui, c'est vraiment n'importe quoi. À la question, pourquoi les fleurs ont-elles des épines, on pourrait presque répondre : parce qu'elles ne peuvent pas faire autrement. C'est peut-être exagéré, mais c'est au moins plus juste que de dire qu'elles le font exprès. Qu'est-ce qu'une épine, finalement ? C'est une chose pointue qui fait mal. Il y a deux éléments dans cette douleur : le fait que ce soit pointu, mais aussi le fait que ce soit dur. Une épine toute molle, ou un rond tout dur n'ont guère de chances de protéger la plante contre les moutons qui veulent la manger, bien que, selon le petit prince :

« Il y a des millions d'années que les fleurs fabriquent des épines. Il y a des millions d'années que les moutons mangent quand même les fleurs. »

On peut, dans le même sac, placer les dards et autres défenses que beaucoup d'animaux ont sur le corps. Le homard de chez Fauchon avait aussi, à y bien regarder, des piquants sur la carapace. En fait, il existe toute une gamme de formes, entre les épines, les fuseaux, et les formes presque sphériques. Ce que prédit le calcul, c'est que, suivant l'intensité de l'accrochage des fibres, la forme sera plus ou moins pointue, et dans le même temps, plus ou moins dure. Les deux choses sont liées, ce qui est un phénomène d'expérience courante : les plantes très pointues sont souvent plus dures, les épines, en particulier, sont d'autant plus pointues qu'elles sont dures. Ce n'est pas un hasard. Les mathématiques démontrent ce fait d'expérience courante : plus les fibres sont raides, et mieux accrochées entre elles, plus leur ensemble, le petit fagot qu'elles forment, sera pointu au bout.

C'est donc là qu'il faut chercher l'origine des défenses animales et végétales, y compris probablement des structures pointues comme les cornes, les dents ou autres. La nature n'a pas réellement besoin d'« évoluer » indépendamment la dureté et le pointu, les deux vont de pair. C'est pourquoi il y a autant d'épines, de griffes, de dards dans le monde biologique, et si peu dans le monde physique.

La figure de la page suivante montre une gamme de formes de « cristaux de fibres », en fonction de la raideur des fibres, ou de leur attachement. On passe continûment d'une sphère parfaite à une épine très effilée. Voilà la réponse, en définitive, à Galilée : oui, la sphère est une forme de la nature, oui, le cône très effilé (l'épine) est une forme de la nature, mais entre les deux, la famille comprend toutes les formes du type navet, citron, feuille de laurier, etc. Ça ne tient qu'à l'attachement des fibres. D'où l'intérêt pour la nature d'« évoluer » des êtres vivants produisant des fibres : ils seront tout de suite un peu pointus, donc un peu dangereux ou indigestes pour les autres. Leurs chances de survie sont meilleures.

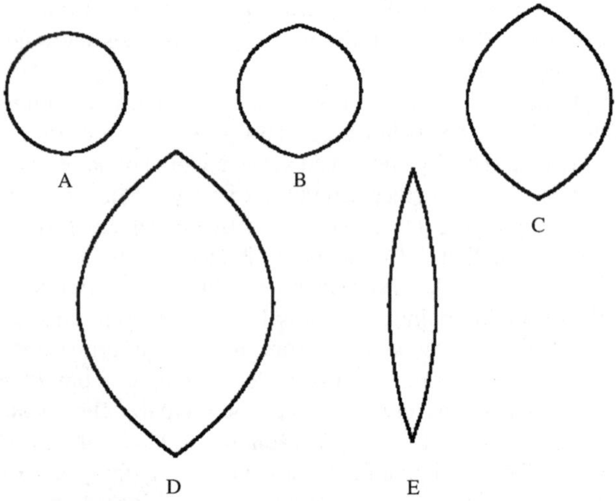

Figure 11. Famille de courbes, entre la sphère et l'épine. La différence est liée à la raideur des fibres. Une épine est un cristal de fibres très dense. Un grain de raisin est un cristal de fibres peu dense, car plein d'eau, en fait.

Pour ne pas devenir un champignon

L'intérêt de la vulgarisation scientifique, pour un chercheur, est souvent de pouvoir glisser des idées indéfendables ailleurs, soit qu'elles sont délirantes mais font plaisir, soit qu'elles visent un point très élevé par rapport à l'état de l'art, soit qu'elles font des rapprochements ironiques ou subversifs entre des choses, sur un ton qui n'est pas celui des publications *sérieuses*. Le petit prince, lui, connaît un homme sérieux :

« Il n'a jamais aimé personne. Il n'a jamais rien fait d'autre que des additions. Mais ce n'est pas un homme, c'est un champignon ! »

Afin de m'éviter un tel destin, j'attire l'attention sur quelques conséquences possibles de ce type de résultat. Tout d'abord, les choses pointues, effilées, sont plus dures : on comprend alors pourquoi les noyaux ou les pépins des fruits sont généralement plus pointus que le fruit autour. On comprend aussi pourquoi les dards des insectes sont plus pointus et plus durs que leur abdomen, qui est lui-même en forme de fuseau (horizontal, par rapport à notre figure 11). Et, tant qu'à considérer des formes de fuseaux horizontales, un exemple simple est le corps des poissons. Or les poissons sont extrêmement fibrés dans la direction azimutale. Il y a fort à parier que les effets biomécaniques décrits ci-dessus jouent un rôle dans leurs courbes. C'est le genre d'idée qui bouscule un peu les idées reçues, car on s'attendrait, dans une image finaliste, à ce que la forme des poissons, ou celles des épines ou des dards, soient le résultat d'une adaptation à leur fonction, qui est fort différente dans les divers cas : l'hydrodynamique ne joue pas de rôle dans les épines de roses (dures pour se défendre), alors qu'elle en joue un pour les poissons (pour la nage, évidemment). En fait, il est probable que la fonction, et la sélection correspondante, jouent sur les paramètres d'un mécanisme de morphogenèse qui, de toute façon, ne peut guère faire autre chose que des fuseaux ou des pointes. En conséquence, on s'étonnera qu'un mécanisme de formation de fuseaux produise, dans le même mouvement, des structures qui ont de bonnes propriétés hydrodynamiques, pour la natation. C'est une mise en relation aléatoire, par le truchement d'une sorte d'être au monde des choses. Comment dire ? Les choses faites sont testées par la sélection naturelle, dans un contexte sans rapport avec leur fabrication, si la chose faite s'y trouve bien, c'est tant mieux. Si les empreintes digitales permettent de mieux tenir aux branches : *ben, ok mon colon*, on garde les empreintes digitales. Il en va de même pour la forme des poissons dans l'eau. Quand on s'évertue à chercher une cause finaliste à l'existence d'une forme, plutôt que d'une autre, on a *a priori* tort, car les formes sont mises en rapport avec leur fonction, dans un contexte sans lien aucun avec leur fabrication. Nous reviendrons sur cet *a priori*, qui sera nuancé dans la suite, la nature pouvant adapter un patron, faire, par exemple, des poissons un peu plus allongés ou ronds. La sélection fait le tri dans les patrons, mais ce sont les possibilités de construction qui délimitent le champ des patrons possibles. Nous verrons d'autres exemples de ces « apparentements superbes », pourrions-nous dire, entre un procédé de morphogenèse qui a produit ce qu'il a pu, et la joie qu'il éprouve, qu'on peut mesurer à la prolifération de sa progéniture, de voir que la chose formée fonctionne assez bien, finalement.

Mon petit doigt m'a dit

Pour finir ce chapitre, revenons aux doigts et aux empreintes digitales. J'ai montré qu'un tissu fibré ayant des pôles induit une bosse, un coin, dans la région des pôles. La particularité des empreintes digitales est que leur fibré n'est pas fait de méridiens et de parallèles. Le fibré des empreintes digitales, nous l'avons vu, est cousu comme une balle de tennis. La seule différence, finalement, entre une distribution en anneaux et une distribution en couture de tennis, c'est que dans un cas il y a deux pôles, et dans l'autre quatre, oui, il y a bien *quatre* pôles. Je n'ai pas réussi – et, je crois, personne n'a encore réussi – à calculer mathématiquement la forme de la boule fibrée comme le cristal d'empreinte digitale du chapitre précédent. Cependant, on peut intuitivement deviner la forme, en considérant ces quatre pôles comme issus de deux moitiés de navets qu'on tourne à 90° et qu'on essaie de raccorder. Le résultat de cette opération est montré dans la figure 12 ci-contre : c'est une sorte de doigt tridimensionnel, obtenu en formant des pointes dans la région des pôles, et en les raccordant par des fibrés réguliers.

Que peut-on en déduire ? D'abord qu'en regardant vos doigts par le côté, la moitié du profil allant vers le bout, vers l'ongle, est un profil de légume. La seconde chose est que l'os, à l'intérieur du doigt, a un peu la même relation au doigt que le noyau par rapport au fruit. Si l'on pense par exemple aux avocats, ils ont, en général, un noyau plus pointu que le fruit autour, de même, l'os de la dernière phalange est plus pointu que le tissu mou du doigt lui-même. C'est une vision un peu inhabituelle de l'os, et du

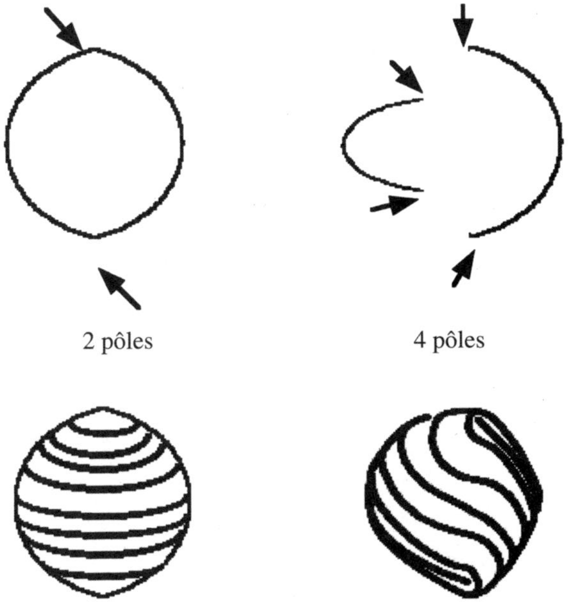

Figure 12. Forme d'une boule fibrée comme la couture d'une balle de tennis. Cette forme est obtenue, qualitativement, en considérant les quatre « pôles » comme deux fois deux pôles de deux surfaces fibrées avec des ronds concentriques. On coupe les deux profils en deux, on les tourne à 90° et on les raccorde. Le résultat évoque un gros orteil. Plus généralement, une structure fibrée sera caractérisée par le nombre de pôles.

doigt autour, mais elle repose sur une analyse mathématique relativement convaincante.

Cependant, le doigt sphérique de la figure 12 semble plus rond que le doigt de la figure 7 du chapitre précédent. La raison en est simple : le doigt de la main construit au chapitre précédent correspond à une déformation sous la poussée d'un os appuyant dans une certaine direction. Le doigt sphérique de la figure 12 ci-dessus correspond à une répartition uniforme de la poussée, comme dans une bulle de savon. De toute évidence, la forme ressemble davantage à un doigt de pied. On peut donc en inférer que, pour une distribution de matière dans le tissu identique, une poussée axiale, directionnelle, donne un doigt de main, et une poussée associée à une pression interne plus uniforme, poussant dans toutes les directions, donne plutôt un doigt de pied.

Enfin, on se prend à rêver d'un sport dans lequel le ballon, au lieu d'être sphérique, comme au foot, ou en fuseau, comme au rugby, aurait une espèce de forme de berlingot, comme ci-dessus. Il y a fort à parier que le ballon aurait des propriétés aérodynamiques et de rebond particulièrement intéressantes !

Chapitre III

COMMENT MARCHE LA MORPHOGENÈSE ?

Notre époque est désormais habituée à reconnaître et étudier des formes bien plus compliquées que des cônes ou des sphères. Les lecteurs assidus de livres de vulgarisation auront peut-être sursauté à la lecture de l'introduction du précédent chapitre, en reconnaissant une structure proche de celle du livre de Benoît Mandelbrot sur les fractales. Dans le contexte général de la science ultramoderne, celle de l'avènement de l'ordinateur en particulier, ce grand esprit a repris l'énoncé de Galilée sur les formes géométriques et l'a paraphrasé en un énoncé également génial : « Les montagnes ne sont pas des cônes, les nuages ne sont pas des sphères, et l'éclair ne se propage pas davantage en ligne droite. »

Cette phrase est pénétrante. Elle illustre l'entrée fracassante dans le champ des études scientifiques de toutes ces formes bizarres, irrégulières, fracturées, branchues ou rugueuses qui jusque-là étaient considérées comme des monstruosités, des moutons à cinq pattes, des contre-exemples aberrants. Pour les fractalistes, les structures irrégulières sont faites d'anfractuosités ou de détails, qui sont semblables au tout. Dès qu'on y croit, on voit des fractales partout. Qui ne connaît maintenant l'exemple de la côte de Bretagne, dont le contour est très irrégulier, si irrégulier qu'il y a partout des golfes dans des criques, des criques dans des promontoires, des promontoires dans des rades ? Le concept de fractale, essentiellement descriptif, a permis de jeter un regard nouveau, et au bout du compte d'aborder avec confiance des formes comme le contour d'une côte, la structure des poumons ou des reins, les arborescences végétales, les dendrites neurales, la dynamique des tremblements de terre, ou la fragmentation en Bourse de l'actionnariat d'une grande entreprise.

Si j'ai détourné l'esprit de Mandelbrot, c'est pour au moins deux raisons. La première est que, jeune chercheur arrivé dans le domaine au moment du grand boom des fractales, je ne suis pas sans subir l'influence, jusqu'à aujourd'hui, de ses travaux. Il existe une flèche de la science qui part de Pythagore, passe par Galilée et va jusqu'à Mandelbrot, c'est certain. Je ne connaîtrais sans doute pas moi-même le texte de Galilée si je n'avais pas baigné dans les fractales. La seconde raison est de nature critique. Peut-être faut-il suspendre un peu la flèche sur son vol, l'empêcher d'aller trop vite. La phrase de Galilée appelle le commentaire sur les oignons bien avant de passer aux orchidées, aux fougères, et à toutes les plantes réputées ou non fractales. Mais aurait-on déjà compris l'existence de formes en fuseau, comme le citron ou l'échalote, qu'il faudrait demander à la flèche d'attendre encore un peu, le temps d'étudier les formes piriformes, les formes allongées comme les bananes et les formes rentrantes aux pôles comme les pommes, les poivrons ou les citrouilles. Entre les sphères et les fractales, il y a encore fort à faire. Les moutons à cinq pattes ne doivent pas faire oublier le mouton à quatre pattes, dont la forme n'est pas davantage comprise.

Dans ce chapitre, je vais m'attacher à décrire les mécanismes fondamentaux de morphogenèse de formes et interfaces *complexes* par croissance. J'en distinguerai deux, dont il sera surtout question ici. Je mets d'ores et déjà à part un autre mécanisme, le mécanisme dit « de Turing », dont il sera amplement question au chapitre v. En général, les exposés sur la morphogenèse *commencent* par la description du mécanisme de Turing. Je prends le pari que ce mécanisme ne joue pratiquement aucun rôle en biologie (ou bien alors sous des formes très éloignées du mécanisme original de Turing), et qu'il convient de commencer la description autrement.

J'ai dit deux mécanismes ; ce n'est pas beaucoup, et c'est énorme : ce sont les plantes, le poumon, les rivières, les dendrites, c'est le cerveau, les intestins, la glande salivaire, les vaisseaux sanguins. Ce sont, aussi, les métaux, les sels, les colles, les bactéries et les éclairs dans le ciel, peut-être le cancer. D'un coup, une variété gigantesque, étourdissante ou même affolante ; on ne pourra pas tout évoquer.

Pour décrire les deux mécanismes fondamentaux, mieux vaut prendre quelques exemples d'abord, et faire les généralités ensuite. On pourra sauter les généralités si l'on n'en est pas friand.

Les cerneaux et les cerveaux

Depuis quelques mois, une émission de radio remporte un franc succès, c'est « Ça ne se bouffe pas, ça se mange » de Jean-Pierre Coffe. On sait qui est cet homme : haut en couleurs, fort en gueule, la plaisanterie facile. Un samedi matin, son émission traitait des noix. Dans l'introduction, une remarque humoristique portait sur la ressemblance entre les noix et le cerveau. Cette ressemblance faisait prétendument craindre à certains que les noix soient mauvaises pour le cerveau, ou bien, à l'inverse, bonnes pour le cerveau. Il s'agit là de croyances à peu près du niveau de la chiromancie, ou de l'influence de la pleine lune sur la repousse des cheveux. (À moins qu'on ne me prouve qu'il y a dans les noix une molécule particulièrement bonne ou nuisible pour la tête.) La forme extérieure de la noix ne prouve rien sur sa relation avec le cerveau. Il existe une croyance du même genre en Chine, où l'on pense que la feuille de gingko est bonne pour le mal de tête, car sa forme évoque un cerveau vu en coupe. Ce type de croyance est ancien, il repose sur une vision métaphorique du monde qui, en général, n'a aucun sens. Par exemple : manger de la corne de rhinocéros augmente les performances sexuelles de l'homme. On devine sans effort d'imagination l'origine métaphorique de cette croyance. Autre exemple : à l'époque d'Albert le Grand, on attribuait à l'aimant la vertu de charmer la femme désirée ; il suffisait d'en placer un sous son lit. On devine là un glissement sémantique, plutôt qu'une métaphore (aimant = attirer = amant et *vice versa*). Mais il est des cas moins certains. Par exemple, on prétend que les hommes qui ont un nez long ont une verge plus longue ; ce n'est pas strictement impossible, l'embryon développant tous ses organes dans les mêmes conditions, et avec le même matériel génétique, biologique, chimique, etc. (on sait, par exemple que les mêmes gènes s'expriment dans la verge et dans le doigt). J'ajoute que, si je choisis des exemples à connotation sexuelle, ce n'est pas entièrement de mon fait : les croyances populaires en sont pleines.

Dans le cas de l'émission de Jean-Pierre Coffe, le spécialiste invité pour parler des noix, et venu plutôt pour en vendre, balaya la remarque du revers de la manche : il va de soi que les noix ne sont pas mauvaises pour la tête. Cependant, un fait demeure : les cerneaux de noix *ressemblent* à la cervelle. Pourquoi ? On peut également désigner des coraux qui ressemblent à des cerveaux.

La question sera donc : comment se forment ces espèces de plis, de sillons, que l'on observe dans le cerveau, et souvent, aussi, ailleurs ?

Figure 1. Chiots shar-peï, en forme de lit défait.

Encore faut-il faire la différence entre le cerveau et le cervelet. Le cervelet, situé à l'arrière, présente une structure en plis. Vus en coupe, le cerveau et le cervelet ont des sillons et des plis analogues, mais en fait le cervelet se présente comme une feuille pliée de façon droite, tandis que le cerveau ressemble à une serviette-éponge pliée un peu dans tous les sens. Frédéric Dard a dit un jour de la race de chiens shar-peï qu'ils étaient « en forme de lit défait » ; le cerveau aussi ressemble à une couverture ou une serviette négligemment froissée.

Pourquoi le cerveau a-t-il des plis ?

Le cerveau et le cervelet ne sont pas des branches, contrairement aux végétaux et aux organes dont il sera question plus loin. Ce sont des plis. Quelle est l'origine de ces plis ? Les plissements de cette nature sont fréquents, dans les couches géologiques, par exemple, ou même sur un simple mur où l'on voit se former des plis dans les peintures qui durcissent, également sur des fruits ou légumes qui sèchent, et dont la peau se plisse petit à petit. Les pruneaux d'Agen, par exemple, sont fortement plissés.

Figure 2. Peinture plissée en « sillons de cerveau », porte cochère, à Paris, XIVe arrondissement (en bas de chez moi).

L'origine de ces plis est dans une force qui pousse les couches tangentiellement, c'est-à-dire dans le sens de la couche ; qui pousse *vers les côtés*. Voilà le premier mécanisme de morphogenèse par croissance. Pour croître, il faut pousser, et il y a deux manières de pousser : pousser dans la direction de la couche qui pousse, donc sur le côté, ou bien pousser dans la direction orthogonale (figure 3), donc vers l'avant.

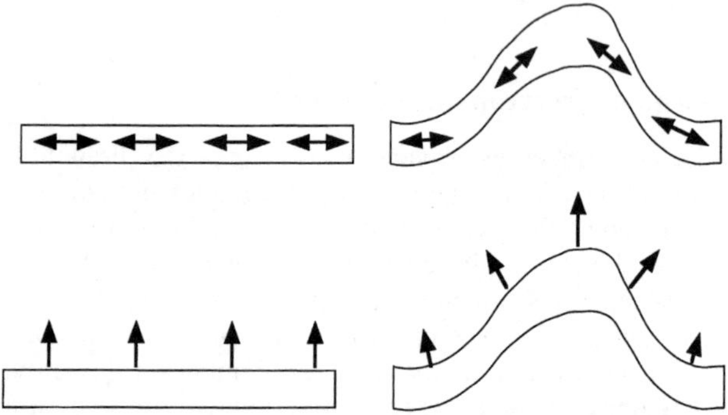

Figure 3. Deux manières de pousser, pour une structure physique ou biologique : soit l'extension a lieu en poussant vers les côtés (haut), soit l'extension a lieu en poussant vers l'avant (bas). Les deux mécanismes apparaissent dans la morphogenèse, tant en biologie qu'en physique. Dans le premier cas, bien que la poussée soit sur le côté, les forces mécaniques induisent un déplacement vers l'avant, par pli (ou flambage). Dans le second cas, la poussée est par essence vers l'avant.

Plutôt que de réfléchir en termes de force, ce qui n'est pas toujours très intuitif, il vaut mieux réfléchir en termes d'extension : les couches s'agrandissent, s'étendent dans la direction de la couche, elles s'étalent. Mais elles s'étalent dans une région de taille limitée, ce qui les oblige, les *force* à plier. Le mot force étant pris au sens physique strict.

La figure 4 montre trois coupes de cervelet de poisson. Trois espèces de requins, en fait. Ces animaux sont assez proches, du point de vue évolutif, suffisamment en tout

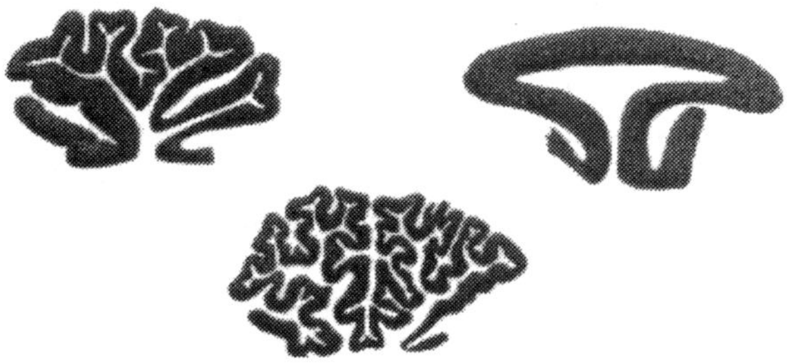

Figure 4. Trois coupes de cervelet, de trois espèces de requins. Vu en coupe, le cervelet a l'air branchu. En fait, il est constitué de plis. Ces plis sont droits dans la dimension perpendiculaire, pour le cervelet. Le cerveau, lui, est plié dans toutes les directions.

cas pour qu'on ne puisse pas attribuer la différence de morphologie de leurs cervelets respectifs à de grandes différences génétiques.

Si l'un des cervelets a cinquante plis, et l'autre seulement cinq ou six, on ne peut guère l'attribuer à un nombre correspondant de gènes différents ou supplémentaires. De même, doit-on attribuer une vertu cognitive à la complexité de la forme, une élévation dans l'échelle de l'évolution : un cerveau plus froncé serait-il le signe d'une meilleure activité mentale ? Le cas de ces requins prête un peu à réflexion, car on ne voit pas pourquoi il y aurait, entre requins, des différences pareilles d'intelligence (quoique le cervelet ne participe pas aux fonctions cognitives supérieures, mais nous étendons la remarque à des cerveaux qui seraient froncés différemment). D'ailleurs, si les requins avaient l'option de devenir beaucoup plus malins en changeant un peu les plis de leur cervelle, on voit mal pourquoi ils ne seraient pas tous devenus un peu plus intelligents. Je ne dis pas que tous les requins sont aussi bêtes, je dis simplement qu'il est peu probable que les différences tiennent au nombre de plis.

Plutôt que de laisser mon explication se faire mettre en pièces par ces dangereux animaux, regardons à nouveau les cervelets de la figure 4. Il existe une explication relativement immédiate à l'existence des plis. Les trois cervelets ont à peu près le même volume, mais des plis très différents ; ce qui est différent, également, c'est l'épaisseur du cortex, ce qui apparaît en noir sur le dessin. Vus comme des toiles pliées, le cervelet le plus plié est un torchon, le cervelet intermédiaire une serviette-éponge, et le cervelet le moins plié une grosse moquette bien épaisse. On comprend alors pourquoi ils sont plus ou moins pliés : dans le même volume, on peut rentrer une plus grande surface de torchon, et une moins grande surface de moquette.

Il reste à comprendre une dernière chose : pourquoi le cervelet est-il plié *ainsi*, plutôt que roulé en rond de serviette, ou plié en seize comme un mouchoir dans la poche ? L'hypothèse la plus simple, énoncée depuis au moins trente ans, est que le cortex est une feuille, qui s'étend dans son plan, qui *s'allonge*. Mais comme la feuille est limitée vers les extrémités, elle se gaufre, se plie et se replie, autant qu'elle peut, jusqu'à occuper tout le volume disponible. Ce mécanisme de plissement est le plus simple, il est induit par la contrainte mécanique dans le plan, exactement comme pour les plis géologiques.

À tout moment, tandis que la boîte crânienne et le cerveau poussent de concert (en fait, on peut plutôt dire que le cerveau pousse, et la boîte crânienne tire), la feuille occupe le maximum de place dans le cerveau, mais, à tout moment, elle est une feuille d'épaisseur donnée. Ainsi, une feuille fine sera très pliée, une feuille épaisse moins pliée, pour un volume égal. Cela explique une vieille loi qui traîne dans les ouvrages de spécialité, la loi de Baillanger. Cette loi dit que, pour un individu donné, le rapport entre le volume du cerveau et la surface développée du cerveau (l'étendue de la serviette-éponge) est constante au cours du développement. On pourrait penser que le cerveau est une sorte de *surface*, qui remplit un *volume*. Une chose froissée donc, avec des propriétés de fractalité très étonnantes. Mais, à y bien regarder, ce rapport n'est autre que l'épaisseur de la feuille (ou de la serviette). Il est normal que cette épaisseur demeure constante, si la feuille s'étend en long, pour occuper le volume total par ses plis.

Évidemment, cette explication de la forme n'induit aucune réflexion particulière quant aux aptitudes cognitives de la matière cérébrale en question. Je ne suis pas neurologue, ni psychiatre, ni spécialiste en intelligence artificielle. Si je m'intéresse aux plis du cerveau, c'est uniquement pour la forme des plis. Pour moi, le cerveau est une grosse noix molle.

Mais les plis servent-ils à quelque chose ? On peut penser que les plis permettent d'isoler certaines régions neuronales, mais pour quoi faire ? Parmi les hypothèses avancées, les plis du cerveau permettraient de dégager la chaleur plus facilement, et d'éviter la surchauffe du cerveau, un peu comme les radiateurs à ailettes des petits moteurs à explosion (genre tondeuse à gazon).

Il existe deux corrélations évidentes avec les aptitudes cognitives : la première est que, à épaisseur égale, si l'on accroît la taille de la boîte crânienne, le cerveau s'agrandit en faisant davantage de plis. La seconde est que, en pliant, le cerveau met en contact des régions relativement éloignées. Des connexions directes d'un fond de pli à un autre permettent d'économiser le trajet des connexions neuronales le long des boucles du cortex.

De cette observation, un chercheur américain, David Van Essen, a inféré un mécanisme complètement à rebrousse-poil de l'idée en vogue. Selon lui, les neurones lanceraient des connexions très ciblées entre différentes régions, éloignées, le long du cortex, mais qui se visent mutuellement à travers les couches. Ce sont eux qui font les plis, et ce n'est pas par hasard qu'on y observe des connexions « rapides » d'un fond de pli à un autre. Ces neurones se tireraient les uns vers les autres comme des lacets pour se rapprocher, ce qui formerait les plis observés. Dans ce cas, le mécanisme de pli est un mécanisme semblable à l'action de la main sur la ruflette, pour donner des plis galbés aux rideaux (pour ceux qui ne savent pas ce qu'est une ruflette, se renseigner auprès d'une mercerie). L'avantage de ce modèle est qu'il propose une explication finaliste : on comprend, dès lors, l'intérêt qu'il puisse y avoir à rapprocher certaines zones du cerveau, pour certaines opérations cognitives. Quoi qu'il en soit, y compris dans ce modèle, la formation de plis et l'allongement du cortex dans son plan demeurent. Dans ces conditions, des plis doivent *de toute façon* se former ; le modèle de Van Essen indiquerait *comment* sont choisis les lieux des plis.

Notons qu'il existe des malformations du cerveau, dans lesquelles il est soit extrêmement plissé (*polymicrogyrie*), soit lisse comme une bille de billard (*lyssencéphalie*). Ces pathologies, fort graves, induisent des retards psychomoteurs très variables et conduisent dans certains cas au décès des individus dans l'enfance. Ces anomalies de développement sont associées à des épaisseurs différentes de cortex, elles-mêmes associées à des défauts de migrations cellulaires.

Dans le même esprit, des expériences ont été conduites sur les souris. Le cortex, la feuille-serviette-éponge qui s'allonge, est constituée de plusieurs couches. Des chercheurs ont détruit, tôt dans l'embryon, certaines couches (par le froid). Le résultat est un cortex plus fin. On s'attend donc à ce qu'il soit davantage « frisé ». C'est exactement ce que donne l'expérience [1].

Un corollaire de ces expériences est que le cerveau semble vouloir occuper le maximum de volume, dans la boîte crânienne. C'est donc que ce qui limite sa croissance, c'est le contact avec la boîte crânienne elle-même, peut-être la contrainte mécanique, la résistance rencontrée contre ce « mur ». Une explication naturelle est que, à plus grande poussée du tissu contre la paroi de la boîte crânienne, la circulation sanguine est plus difficile, ce qui épuise la croissance. Il suffirait probablement d'accroître le volume de cette boîte pour que, automatiquement, la quantité de matière cérébrale augmente. De même que la modification d'un gène unique contrôlant l'épaisseur du

1. Dans ce livre, je décris souvent des formes sur le mode de la plaisanterie. On ne plaisante pas, évidemment, avec les enfants morts en bas âge de malformations atroces. C'est un grand malheur. Mais s'agissant des souris, on peut se permettre un peu d'ironie : c'est en détruisant une partie de leur cerveau (les couches supérieures), qu'on engendre un cerveau davantage plissé : on ne peut pas penser que les souris seront plus intelligentes après de telles destructions…

cortex peut induire un changement complet de la forme (probablement le cas des requins), la modification d'un gène unique (ou de quelques-uns) engendrant une boîte crânienne plus grande suffit à engendrer davantage de matière cérébrale, comme l'ont montré récemment des chercheurs travaillant sur la souris (en augmentant l'expression d'une molécule, la bétacaténine, ils ont formé une souris ayant un cortex plus développé [1]). À l'inverse, d'autres maladies, comme l'hydrocéphalie, induisent un accroissement corrélatif de la taille de la boîte crânienne, sans accroissement du cerveau. Ainsi, les forces mécaniques, et l'équilibre des poussées des tissus les uns sur les autres, induisent des effets morphogénétiques.

Un autre corollaire de l'existence d'effets mécaniques concerne la différence de plis entre le cervelet et le cerveau. J'ai dit plus haut que l'un plie dans tous les sens et l'autre suivant une direction seulement. En outre, le cervelet est beaucoup plus plié que le cerveau. La taille du cervelet, déplié, peut atteindre dix fois la taille qu'il a, plié. Or, tout d'abord, c'est un fait que le cortex du cervelet est beaucoup plus fin que celui du cerveau. En outre, l'extension du cervelet se fait surtout dans une direction (l'axe dorso-ventral), car il est constitué de fibres dans la direction des plis, qui résistent à l'allongement, tandis que la direction orthogonale s'allonge plus facilement. Le cerveau s'étend, lui, dans toutes les directions.

Enfin, un point essentiel est que, puisque le cerveau s'agrandit en pliant, il faut que le nombre de cellules augmente dans la direction tangentielle surtout. Cela implique que les cellules, sises les unes à côté des autres, ont tendance à se diviser dans un plan qui étend le cerveau comme une serviette qui s'allonge. Ce n'est pas du tout une évidence. Cela veut dire que les plans de division cellulaires

1. Supposons que l'on fasse, sur un singe, la même expérience : on pourrait avoir d'un coup d'un seul un singe presque aussi intelligent que l'homme (peut-être). Exercice d'éthique appliquée ou thème pour une nouvelle : supposons que nous disposions d'une molécule qui, administrée à une femelle singe, rende les petits singes intelligents, serait-il concevable de ne pas leur donner cette chance ?

doivent être parallèles, et que les cellules forment des couches, comme des peaux d'oignon, et se divisent dans les couches sans en sortir.

Ce point est quasiment universel, et il caractérise, comme nous l'avons fait sentir précédemment, la matière vivante. Cette dernière est en peau d'oignon. Le cerveau lui-même est ainsi fait, sauf que c'est un oignon dont les couches se sont agrandies en engendrant des forces tangentielles de plissement, parce que les couches ne glissent pas très bien les unes sur les autres.

Dans le cas de la noix, l'origine du plissement est à coup sûr identique. Comme nous l'avons vu, les végétaux sont constitués de couches de cellules reposant les unes sur les autres, et c'est un plissement dû à l'allongement qui provoque les plis. Alors, me direz-vous, toutes les plantes ne devraient-elles pas plisser ainsi ? En effet, c'est ce qui se produit dans les bourgeons, où se forment les plis qui vont donner les branches, les feuilles, les sépales, etc. Nous y voilà.

De l'importance de la chips dans la morphogenèse

Lorsque j'aurais décrit tous les modes possibles de croissance, on peut s'attendre à ce que je dise : dans la réalité, un mode de croissance donné est un mélange de tous les modes possibles. Pour l'instant, j'essaie de faire un tri un peu organisé, qui ramène les mécanismes de morphogenèse à quelques modes principaux ; j'ai même affirmé qu'il n'y aurait que deux grandes classes. Les croissances où « ça » pousse sur le côté, et les croissances où « ça » pousse vers l'avant. Je dois ici présenter M. Green, un chercheur américain décédé en 1999. Il est un des premiers à avoir formalisé la morphogenèse des plantes en tant que formation de plis. Pour introduire son sujet, il prend l'exemple de la chips. La chips est une tranche de pomme de terre, tout le monde sait cela. Lorsqu'on la cuit, la chips change de forme. Fort curieusement, elle prend une forme « en selle de cheval ». On pourrait imaginer qu'elle prenne une forme arbitraire, ou bien qu'elle ne change absolument pas de forme. Cet effet « selle de cheval » est même mis à profit par certains fabricants de grignoteries, qui vendent les chips pour ainsi dire emboîtées les unes dans les autres, ce qui permet de les conditionner de façon intelligente, économique et amusante pour le client. C'est un produit marketing qui marche, j'en sers moi-même fréquemment à mes invités. Bien, revenons à la question qui nous occupe : pourquoi la chips prend-elle cette forme ? La cause en est le rétrécissement de la chips dans la direction du plan. Il ne s'agit pas d'un allongement, ici, mais d'un *rétrécissement*. Ce n'est pas très important : dans le cas des plis d'un pruneau d'Agen, ou d'une pomme qui a traîné sur une table et s'est racornie, les plis ont également pour origine un rétrécissement. La question n'est pas tant que la chips s'allonge ou se rétrécisse, mais bien que la cuisson induise des forces dans le plan de la tranche de pomme de terre. Ces forces pourraient, en théorie, induire une rétractation uniforme de la tranche de pomme de terre (figure 5A), mais ce n'est pas ce qui est observé : ce qui est observé c'est la formation de la selle de cheval.

De même, une serviette ramassée en poussant dans son plan pourrait, en principe, se compacter de plus en plus, en

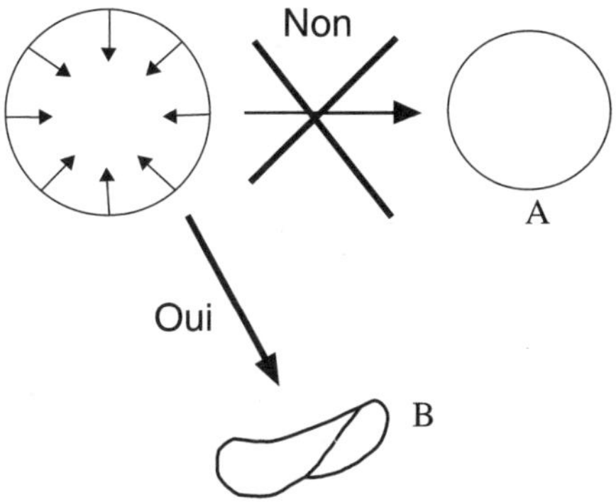

Figure 5. Tranche de pomme de terre devenant une chips (schéma). Sous l'effet de la cuisson, la tranche pourrait simplement se rétracter (A). En fait, elle se rétracte, mais dans le même temps elle change de forme, et devient une « selle de cheval » (B).

restant parfaitement plate, on se doute que cela n'est pas possible autrement qu'en principe. Je précise que le « de même » de la phrase précédente a un sens physique très précis. Le phénomène de formation de la selle de cheval est, sur une chips, et à une échelle limitée, le même que celui qui est à l'origine des plis du cerveau et autres formes du même genre (si l'on ne croit pas au modèle de Van Essen). En quelque sorte, le cerveau est une chips géante cuite très longtemps dans une cavité rigide.

La cause de la chipsification de la tranche de pomme de terre tient à la répartition des forces dans la chips : si la chips ne changeait pas de forme, toute la chips subirait une déformation homogène, et des forces de contrainte homogènes. Ceci n'est pas favorisé par la nature : tandis que la chips se rétracte, la moindre ondulation induit des effets de plissement qui se renforcent eux-mêmes et s'accentuent pour finalement aboutir à une forme où le compromis entre les déformations et les forces est meilleur. Ce compromis est ce qu'on appelle un équilibre, en physique, et la densité d'énergie de cette configuration est la plus petite. Notons qu'elle brise la symétrie de la tranche de pomme de terre : le disque devient une selle de cheval, et l'on sait bien qu'une selle de cheval se caractérise par deux axes, l'axe tête-queue et l'axe gauche-droite du cheval. La selle de cheval *est* la forme d'équilibre d'une chips bien cuite.

Généralisation

La généralisation est implicite dans ce que je viens de décrire : les plis sont à l'origine de nombreuses structures dans la nature. La raison profonde est très simple à comprendre. La structure en peau d'oignon des tissus favorise ou engendre des poussées latérales, sur le côté, dans la couche elle-même. De ce fait, on se trouve fréquemment dans la situation de la chips, à pousser d'un côté, tirer d'un autre, mais dans le plan d'une feuille relativement fine. Mais il y a une différence de taille entre le cerveau, les noix, et la plupart des autres structures plissées : ces dernières ne sont pas confinées à l'intérieur d'une coque. De ce fait, les plis peuvent échapper à d'autres plis en croissant dans certaines directions, ce qui limite le nombre de plissements et engendre plutôt des branches, par allongement des gaufrages. Dans les végétaux, c'est le plus souvent ce qui arrive. Dans les plantes, la phase de pli ne dure qu'un temps, l'essentiel du temps est consacré à accroître, dilater les structures nouvellement formées.

C'est peut-être le bon moment pour introduire une distinction entre croissance et morphogenèse. Il s'agit de distinguer des événements qui changent réellement la forme de quelque chose, de processus plus simples, qui ne feraient que dilater une forme existante. À la vérité, les événements essentiels pour l'apparition d'une forme nouvelle, celle des plantes comme celle des embryons humains ou des larves d'insectes, se produisent à des moments précis, dans des régions de petite taille ; ces événements sont proprement « morphogénétiques ». Ensuite, se produisent des phénomènes de croissance qui ont un impact sur la forme, mais surtout par des dilatations de certaines parties, ou du tout. Ainsi, certaines feuilles augmentent de taille, presque d'un facteur 10, uniquement sous l'effet du gonflement des cellules qui emmagasinent de l'eau. On ne considère pas cela réellement comme de la morphogenèse. Les doigts des enfants et ceux des adultes sont un peu différents, mais un biologiste ne dira pas que la phase de croissance jusqu'à l'âge adulte apporte quelque chose de proprement morphogénétique ; l'essentiel s'est passé bien avant. De même, les hormones « de croissance » provoquent surtout un agrandissement mais en respectant, *grosso modo*, les proportions de l'individu.

Il y a une composante psychologique, je pense, à ce relatif désintérêt pour la croissance. Les jeunes parents, par exemple, sont émerveillés par la sortie des dents, bien plus que par l'agrandissement du bébé. Le cerveau et l'œil humain sont très habitués à opérer des changements d'échelle et à tout ramener à la même taille. De ce fait, une feuille petite ou grande, une jambe petite ou grande, sont perçues comme étant identiques. En revanche, lorsqu'il se passe quelque chose de réellement nouveau, l'œil est de suite attiré, et l'on s'émerveille. Chez l'homme adulte, les changements véritables sont peu nombreux, très progressifs ou bien cachés (par exemple : qui remarque l'augmentation ou la diminution du nombre de ses alvéoles pulmonaires ?).

S'agissant des plantes aux formes très complexes, arborisées, foliées, fleuries, etc., la région où il se produit quelque chose de proprement morphogénétique est extrêmement petite, de l'ordre de quelques millimètres, voire moins, jusqu'à quelques dizaines de microns. On appelle cette région le méristème ; c'est, en gros, le cœur du bourgeon. Pour un botaniste, à partir du moment où vous pouvez distinguer la branche, la feuille ou la fleur à l'œil nu, la morphogenèse est finie, même si, pour vous, en règle générale, elle commence : la feuille va grandir, se dérouler, se déplier, changer de couleur, se gaufrer plus ou moins, puis faner et finalement tomber. Tous ces événements sont des conséquences plus ou moins directes de ce qui s'est passé dans le méristème.

Ce cœur est une petite couche de cellules qui se plient, se froncent, pour donner, qui une fleur, qui une branche ou un autre cœur de bourgeon. Green a montré que l'effet « chips » se produit très souvent, sinon partout, dans les végétaux, et qu'il explique, pour une large part, la formation des organes des plantes. Cependant, ce sont des chips un peu particulières, d'abord en ceci que les propriétés mécaniques de ces tissus ne sont pas identiques à celles de la tranche de pomme de terre (encore que la tranche de pomme de terre soit végétale), ensuite en ce que ces méristèmes peuvent avoir des structures emboîtées les unes dans les autres, ce qui contraint les plis à s'adapter au contexte, et enfin parce qu'il se produit des séquences de choses au cours du temps qui changent les comportements des cellules, donc modifient les plis successifs (ou les interrompent).

La figure 6 montre un exemple d'un anneau de cellules emprisonné par les pétales, qui se gaufre avec une symétrie cinq, que la simulation numérique (à droite) est capable de prédire. Ce n'est plus une chips dont il est question,

Figure 6. À gauche : image de sépales de fleur, à un stade précoce, dans le méristème floral. On distingue une structure en anneau de cellules, qui adopte une conformation à symétrie cinq. À droite : calcul d'une déformation d'un anneau soumis à une contrainte de surface (ça pousse sur le côté), et à un voisinage qui tend à bloquer, ou à tout le moins freiner, l'expansion de l'anneau.

mais un gros beignet qui s'allonge tout en étant enfermé entre des rudiments de pétales.

Le calcul prédit une symétrie quinaire (cinq) de l'arrangement. C'est déjà sur la voie du cerveau, en quelque sorte, en ceci que la condition aux limites, le voisinage, jouent un rôle dans la forme finale. Pourtant, lorsqu'on regarde ce méristème, on ne reconnaît pas la forme finale de la plante, loin s'en faut.

Il se produit en effet toutes sortes d'agrandissements et de réorganisations, qui, à ma connaissance, occupent moins les chercheurs que les événements dans le méristème, mais qui jouent un rôle essentiel dans la forme définitive. Les agrandissements sont surtout des dilatations, et les réorganisations sont surtout des rigidifications des angles ou des alignements sous l'effet de la formation des réseaux vasculaires. La croissance d'un tronc entre deux nœuds de deux branches consécutives est un exemple de changement de forme qui n'est pas considéré comme réellement morphogénétique. Parmi les réorganisations, on peut citer l'exemple d'un pétale d'iris. Le pétale a manifestement la forme d'une chips. Cependant, l'orientation de cette chips dans l'espace est liée aux faisceaux de ner-

Figure 7. Pétale d'iris. On observera la structure en chips du pétale, et les orientations correspondantes des fibres.

vures et de tubes vasculaires, les fibres étant orientées suivant les axes de courbure de la chips.

Nous verrons au chapitre suivant comment les choses s'ordonnent pour donner des formes régulières. Pour l'instant terminons notre description de la poussée sur les côtés en remarquant que les céréales grillées constituent une sorte d'intermédiaire emblématique entre la chips et le pétale de fleur. Si Van Gogh était né à une autre époque et en un autre lieu, peut-être aurait-il peint des assiettes de corn-flakes.

Du Plat Gousset à la planète Mars

Je passe souvent mes vacances en Normandie, près de Granville. Au moment même où j'écris ces lignes, nous sommes à Pâques, et, tout à l'heure, je vais aller faire un tour au Plat Gousset, la plage voisine du Casino. Elle s'appelle « le Plat Gousset » car évidemment, en sortant du Casino, il ne reste pas grand-chose dans le porte-monnaie… Cette plage a un autre intérêt, qu'elle partage avec d'autres plages de la baie du mont Saint-Michel, et qui m'a valu deux ou trois questions de la part de chercheurs américains intéressés par la vie (?) sur la planète Mars.

Lorsque la mer se retire, avec la marée descendante, on voit se former sur les plages de la baie des figures d'érosion telles que celle de la figure 8. Alors que l'eau se retire (vers le bas sur la photo), des branches croissent, en sens inverse, en remontant les filets d'eau qui se regroupent spontanément en petits ruisselets, ruisseaux, rivières, etc. Lequel de ces chenaux se jette réellement dans la mer ? On dirait qu'ils se jettent tous dans un autre petit canal, qui lui-même se jette, dans un autre… à l'infini. Ici, la mer et le sable s'épousent complètement, dans un motif qui n'est pas ordinaire, lorsque la mer descend. Quand elle remonte, c'est plutôt un corps-à-corps tumultueux.

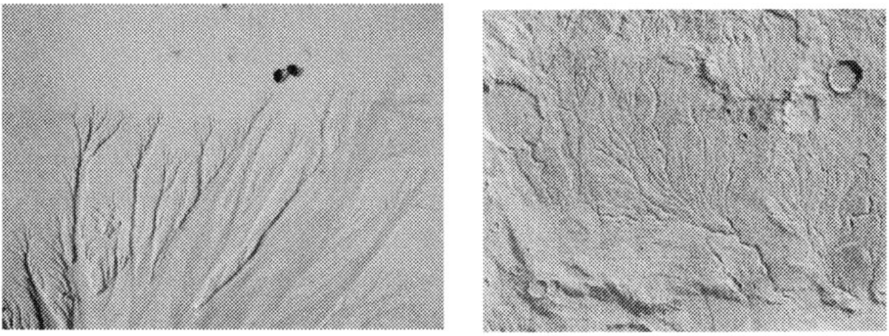

Figure 8. À gauche : photographie de canaux dans le sable, sur une plage de la baie du mont Saint-Michel. Les lunettes de soleil donnent l'échelle. Ces canaux se forment en quelques minutes, on suit facilement leur croissance à l'œil nu. À droite : canaux dendritiques sur Mars.

Sur les plages de la baie du mont Saint-Michel, à chaque marée, des millions d'exemplaires de ces branches sont formés. Chaque jour, continuellement, depuis des millions d'années. Si ce n'est ici, ce sera ailleurs. Si ce n'est ce soir, ce sera demain. Il m'est même arrivé, une fois, de voir le tracteur qui remonte les bateaux longer la plage du côté d'Edenville. À ma grande stupéfaction, j'ai vu se former, le long de l'ornière laissée dans le sable par les pneumatiques, des petits arbres de ce type, tous les dix ou vingt centimètres. Le tracteur, ce jour-là, a bien remonté trois cents mètres. J'ai du mal à me faire à cette idée que la nature produit en un claquement de doigts plus de formes que nos laboratoires n'en produiront jamais, et que nous avons toutes les peines du monde à reproduire les mêmes mécanismes élémentaires pour essayer de les comprendre. Il est certain que la nature ne *fait* pas de la physique, elle l'incarne.

Il est clair, dans l'exemple du sable et de la mer, que les canaux s'accroissent vers l'avant en remontant l'écoulement. Chacun a sans doute l'intuition du phénomène : l'eau rabote les canaux, emporte les grains de sable, et chacune des extrémités de ce petit arbre s'accroît, au fur et à mesure que le sable est emporté et dévale vers la mer. Mais parfois il y a des inhomogénéités, et un canal se divise spontanément en deux, c'est-à-dire que deux petits canaux naissent à son extrémité.

Pourquoi ces branches ont-elles suscité la curiosité de chercheurs travaillant sur la planète Mars ? La raison en est simple : il s'agit de savoir s'il y a de la vie sur Mars, ou bien d'en trouver les vestiges fossilisés. Il faut, pour cela, démontrer l'existence d'eau sur Mars, et mettre en évidence un passé lointain de la planète où l'eau y coulait à flots, comme elle coule maintenant sur Terre. Or, la présence de canaux « dendritiques » est la preuve la plus criante de l'existence d'eau sur Mars, puisqu'on attribue ces canaux au ruissellement de l'eau. Pour bien cerner ce phénomène, les chercheurs traquent sur Terre tous les exemples possibles de canaux dendritiques et il s'avère que celui de Granville n'est pas très courant. Il est très « DLA », prononcer *déellea* (pour *diffusion limited aggregation*, cf. *infra*). Voilà un autre exemple où la recherche en morphogenèse peut être utile, par des voies détournées.

L'exemple des canaux montre clairement la différence, dans le principe, entre « pousser vers l'avant », et « pousser sur le côté ». Nous verrons progressivement qu'il y a quand même quelque chose de commun entre des cellules qui se poussent mutuellement du coude et plient le cerveau, et du sable emporté dans la direction du flot, qui fait des branches.

Le mécanisme DLA, par lequel les canaux du Plat Gousset prennent les formes qu'on leur voit, est le suivant. L'arborescence de canaux s'accroît dans les directions où arrive le plus d'eau. L'eau, du côté lisse et plat de la plage, est uniformément répartie, c'est un film liquide recouvrant du sable. Au niveau des petits canaux, l'eau n'arrive pas uniformément, il y en a plus ou moins à chaque extrémité, et les canaux qui reçoivent le plus d'eau seront les premiers à s'agrandir. Mais comment savoir quels canaux reçoivent le plus d'eau ? Ah, c'est difficile, il faut résoudre complètement la carte des courants autour de tous les filets d'eau de l'arborescence, à chaque instant, pour savoir où exactement circule quelle quantité d'eau. C'est un problème de plomberie des plus difficile. Mais on comprend au moins grossièrement pourquoi cet écoulement tend à favoriser l'émergence de petits canaux, et de plus en plus : si un petit canal s'avance un peu dans la plage, il capte davantage d'eau que les canaux restés en arrière. Comme il capte davantage d'eau, l'écoulement y devient plus intense, et il a encore plus de raison d'avancer. C'est un effet boule de neige, sauf que cet effet peut se produire en principe partout, en même temps ; seule la connaissance exacte de toute la carte d'écoulement permet de dire où la boule de neige va effectivement rouler, et où elle ne roulera pas.

Ce mécanisme est très répandu, et l'exemple de la plage de Granville n'est pas unique ; et d'ailleurs, il n'est même pas prouvé. Pour ce cas-là, qui m'a servi uniquement d'illustration, j'ai fait un diagnostic rapide du problème et supposé, après quelques observations, que c'était bien comme cela que ça se passait. La figure 9 montre une croissance de cristaux de silicium, dans une feuille d'aluminium, présentant les mêmes caractéristiques.

Dans ce cas, c'est la concentration en silicium autour de l'arborescence qui induit la croissance, qui « ruisselle » pourrait-on dire. Ceux qui ont déjà lu mon livre *Arbres de pierre* se souviendront de quelques chapitres traitant de ce

Figure 9. Cristaux de silicium en croissance dans une feuille d'aluminium (moins d'un millimètre).

mécanisme particulier de croissance. Dans ce livre, j'avais employé la métaphore des ivrognes pour rendre compte du même phénomène. On peut en effet montrer qu'on obtient le même type d'arborescence si on laisse des ivrognes tituber dans le noir, et venir tomber les uns sur les autres. L'arborescence d'ivrognes s'accroît à partir du premier tombé, en formant un arbre qui croît dans les directions où arrivent, en marchant au hasard, les nouveaux ivrognes. Le genre de carte obtenue est montré dans la figure 10, ci-contre : on utilise des marcheurs aléatoires qui sont des pixels (mouvement brownien), et l'on fait le calcul par ordinateur. C'est le modèle original, et il est dû à Thomas Witten et Len Sander. Cette histoire a été souvent contée. Ces deux chercheurs s'intéressaient à des problèmes d'agrégations de particules (genre suie), et ont proposé ce modèle, qui s'applique à bien d'autres choses, et fort peu au cas qui les intéressait initialement.

Ce type de croissance s'observe dans les cas où une chose provoquant la croissance – fluide, facteur de croissance, atome ou autre – arrive en diffusant depuis le milieu autour, et « ruisselle » de plus en plus fort vers les pointes, qui emportent ou bien consomment la chose en question

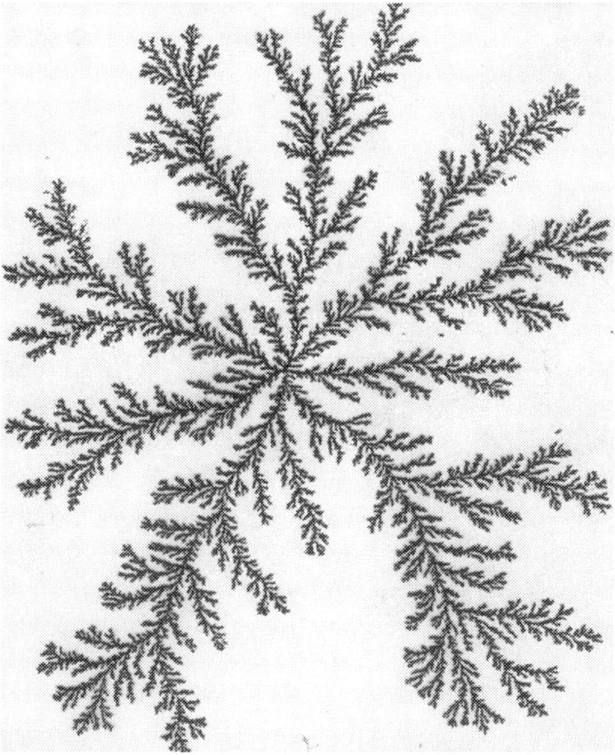

Figure 10. Amas de DLA (en français : agrégation limitée par la diffusion) de trois millions de particules.

très rapidement. C'est le cas des petits ruisseaux de la figure 8, p. 75. C'est également le cas des colonies de bactéries étudiées par Eshel Ben Jacob à Tel-Aviv. Ce chercheur a cultivé des colonies de bactéries arborescentes, et montré qu'elles croissent dans la direction d'un facteur de croissance simple (nourriture) qu'elles consomment. Ici, c'est la nourriture, qui, en diffusant, ruisselle pour ainsi dire vers les bactéries, et ces dernières l'emportent, comme les gros canaux emportent l'eau, puisqu'elles la mangent purement et simplement. Le résultat, en termes de forme, est voisin. Dans l'image de la fougère électrochimique (figure 11), c'est le courant électrique qui ruisselle. Si, pour moi, le cerveau est une grosse noix molle, pour Eshel Ben Jacob les colonies de bactéries sont des amas d'automates browniens (ce qui fait tout de même plus sérieux).

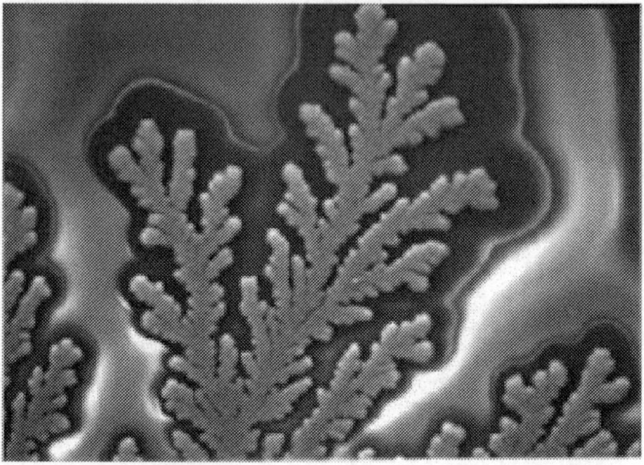

Figure 11. Image de fougère métallique obtenue par électrolyse (taille : 50 micromètres).

Où l'on retrouve les empreintes digitales

Évidemment, en insistant sur l'existence de deux modes de croissance, je simplifie à outrance. Pour chacun de ces systèmes, il existe un ensemble de conditions qui vont donner des plis ou des branches plus ou moins marqués, plus ou moins denses, ou pas de plis ni de branches. Il y a, dans le jargon de la morphogenèse, des « diagrammes de morphologie » ; aux marges de ces diagrammes, on quitte complètement les mécanismes que j'ai évoqués, ou bien on les noie dans autre chose.

En outre, les mécanismes en question peuvent être camouflés très astucieusement, et il faut alors de l'imagination ou de la chance pour les débusquer. Ainsi, les empreintes digitales elles-mêmes (nous y revoilà) sont attribuées depuis longtemps (depuis les années 1920, à peu près) à un mécanisme de formation de plis, et tous les chercheurs du domaine (et du domaine connexe de la police scientifique) répètent en chœur le même credo depuis soixante-dix ans. On voit souvent des plis réguliers analogues sur le goudron des boulevards, par exemple sur la promenade des Anglais, à Nice, autour des bouches d'égout. J'en ai vu aussi dans le quartier du Marais, à Paris, près du métro Pont-Marie.

Mais croire que les empreintes digitales se forment par plissement, c'est oublier, ou négliger un article de 1951 de Alfred Hale, un embryologiste qui a essayé de voir si les empreintes digitales étaient liées à des plis. Si ça plie, il doit y avoir un déplacement des couches, de sorte que certaines parties montent et d'autres descendent ; c'est la nature même du pli. Or il ne décrit dans ces travaux rien de tel ; on peut montrer qu'il y a peut-être des forces ayant tendance à plier, mais les empreintes ne se forment pas par pli. Qu'il y ait des forces pouvant provoquer des plis, cela ne fait guère de doute. C'est à cause des coussinets, dont il a été question au premier chapitre : en se dégonflant, les coussinets tendent à faire des plis, un peu comme un pruneau d'Agen qui sèche. Le problème c'est que… ça ne plie pas. Ce qu'on voit, ce sont des différences de vitesse de croissance, en sorte que ça se développe plus ici, moins là, et au final on dirait que ça a plié, *sans plier*.

On pourrait tout aussi bien jeter aux orties le mécanisme de pli. Mais on le rattrape *in extremis* par la culotte, car en fait, il n'est pas nécessaire que la chose plie pour faire des plis. Ce paradoxe apparent trouve sa solution dans ce qu'on appelle l'instabilité de Grinfeld. Il est vrai qu'une couche mise en contrainte dans la couche (il y a bien une force qui pousse « sur le côté ») tend à plier, ou, pour ainsi dire, préfère plier. J'ai dit plus haut que c'était dû à une répartition plus favorable des forces et des déformations, dans la chose pliée. Mais la nature peut aboutir à la même forme, sans plier, si elle est capable de réarranger la couche, soit par des déplacements des cellules individuelles, soit par des différentiels de croissance. Ce qui compte c'est d'une part l'état initial : il y a une poussée dans une feuille plate, et d'autre part l'état final : c'est plié ; mais il existe trente-six façons de passer de l'état initial à l'état final. À vrai dire, on ne sait pas exactement comment le tissu vivant s'arrange avec les déformations individuelles, les déplacements individuels et les multiplications cellulaires individuelles. Il semble bien que le résultat soit une instabilité de pli par *différentiel de croissance :* ça se développe plus ici, moins là, et non directement par pli.

La figure 12 montre une peau (épiderme) en coupe. On voit les sillons de la peau, et les cellules formant l'épiderme. Ces cellules se dessèchent et deviennent plates et dures à la surface ; là, on les distingue à peine. Un peu sous la surface, on voit des petits ronds, les cellules. On remarquera sans peine que la répartition de ces ronds et leur forme ne sont pas homogènes. Dans le fond des plis les cellules sont nombreuses et petites, dans le haut des galbes les cellules sont plus rondes et éparses. Si le tissu

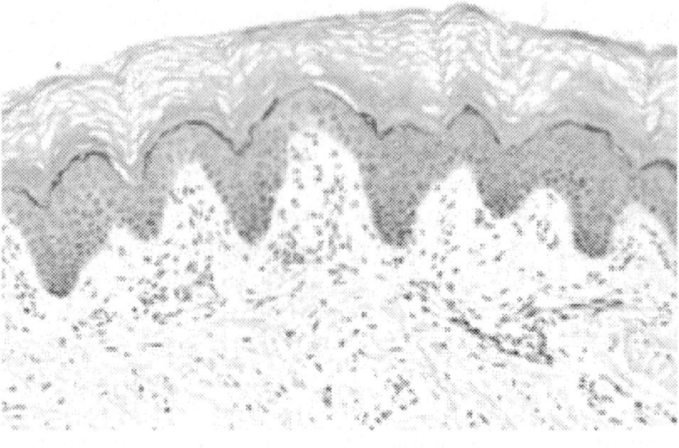

Figure 12. Coupe d'épiderme, à travers les empreintes digitales.

humain était un tissu homogène plié, il n'y aurait pas de différence entre les régions. C'est parce que les cellules répondent aux forces d'étirement/compression, qu'elles se divisent plus dans le fond des plis, où la contrainte mécanique est plus grande. Sous l'effet de cette contrainte et du plus grand nombre de divisions, leur taille est plus petite, et leur densité plus grande, de là elles remontent vers les régions galbées (cet effet est également observé dans le cerveau). Au final, ça a l'air plié, mais ça n'a pas, à proprement parlé, plié.

Ce genre de subtilité explique qu'on puisse rencontrer des difficultés, au coup par coup, pour expliquer une observation biologique par de la physique.

Green, par exemple, décrit la formation des méristèmes comme un mécanisme de pli mécanique (un peu comme de la tôle ondulée), mais il ne dit nulle part comment le végétal s'arrange pour rester plié. Or, lorsqu'on plie, mettons, un mètre de menuisier, il reprend sa forme initiale, à moins que quelque chose n'encaisse l'énergie de déformation (comme dans les chocs routiers, où les voitures sont froissées pour de bon). Comment le tissu vivant « absorbe »-t-il les plis pour rester plié ? Green n'en dit rien. Il est plus probable qu'un mécanisme de réarrangement du tissu, plus que de pli, soit à l'œuvre (bien que, dans ce cas aussi, il faille encaisser l'énergie de déformation, au bout du compte).

Quand les artères et les veines jouent à saute-mouton

Un autre exemple de morphogenèse où un mécanisme connu peut se révéler caché, occulté par un autre, est celui de la formation de la double vasculature enchevêtrée artères-veines. L'image de la figure 13 montre une vasculature de l'arrière de l'œil d'un porc. Cette image a été obtenue par un vétérinaire de l'université de Gand : le Dr Simoens, que je remercie. Il ne s'agit pas, en fait, de l'image de la vasculature, mais, plus exactement, de l'intérieur de la vasculature. En effet, ce moulage est obtenu en injectant dans les vaisseaux principaux de l'araldite ou du mercox (un plastique), et en laissant diffuser le produit jusqu'aux plus petits vaisseaux. Ensuite, on dissout les chairs, et on regarde ce qui reste (le moulage de l'intérieur des vaisseaux).

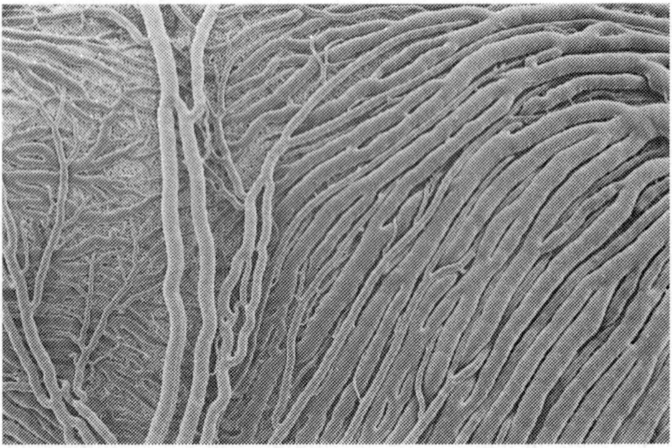

Figure 13. Moulage de la vasculature de l'œil de porc.

Ce qui frappe, dans cette image, c'est l'existence d'un arbre artériel et d'un arbre veineux *enchevêtrés*, mais qui communiquent, nonobstant, par les capillaires. Il peut y avoir des artères passant par-dessus ou par-dessous d'autres artères ou veines, et, réciproquement, des veines passant par-dessus ou par-dessous d'autres veines ou artères. Au final tout ce petit monde se met d'accord pour se connecter *via* des capillaires (il existe assez peu de shunts directs, on en voit quelques-uns dans des vaisseaux légèrement plus gros que les capillaires, ou bien dans certains tissus spécifiques où les vaisseaux forment des reconnexions en arches).

Le transfert de l'oxygène (convoyé par le sang) vers les tissus se fait au niveau des capillaires. Il est donc normal que les artères se rétrécissent de plus en plus, de bifurcation en bifurcation, pour aller jusqu'aux capillaires, et il est également normal que le sang passe en revenant dans des vaisseaux qui se regroupent en veines de plus en plus grosses pour retourner au cœur. Ce qui est étrange, c'est ce croisement démentiel de vaisseaux gros et moyens, se connectant sans difficulté par des capillaires. C'est un peu comme si, prenant un pommier dans une main (les artères) et un poirier dans l'autre (les veines), vous enfonciez la ramure de pommier dans la ramure de poirier, et qu'aucune branche de l'un ou de l'autre ne venait à se toucher, tandis que toutes les feuilles de l'un se mettaient en contact avec les feuilles de l'autre. Je pense même que cette image est inférieure à la réalité. Comment imaginer un mécanisme spontané, produisant pareil enchevêtrement ? Cela paraît miraculeux.

Évidemment, ce n'est pas ainsi que les vaisseaux se forment. On sait cependant que l'écoulement joue un rôle crucial dans la formation des vaisseaux. Si l'on songe à un mécanisme du type des petits canaux d'érosion décrits pour la plage de Granville, on rencontre deux problèmes. Le premier est qu'il faut trouver l'équivalent du sable et l'équivalent de la mer qui rabote, et le second est que les canaux sur la plage ne forment qu'une seule arborescence de « vaisseaux », et on ne voit pas comment former deux arborescences croisées, enchevêtrées, sans que tout s'effondre lamentablement.

Pourtant, un mécanisme du type « Plat Gousset » est bien à l'œuvre dans la formation des vasculatures enchevêtrées. Le premier problème est le plus aisé à dégonfler : l'équivalent du sable, ou plutôt, des interstices entre le sable, c'est le paquet de capillaires qui préexiste dans le tissu, *avant* la formation des vaisseaux. Un tissu non encore développé, et en particulier, n'étant le siège d'aucune circulation sanguine, ne possède que des capillaires ; c'est, à trois dimensions, une sorte de gros plat de nouilles assez régulièrement entrecroisées. On distingue ce type de capillaires entre les branches des gros vaisseaux de la figure 12.

Ce réseau de capillaires est, toutes choses égales par ailleurs, l'équivalent de la plage au sable uniforme. Peu à peu, la circulation agit sur les vaisseaux pour les élargir.

En élargissant des vaisseaux, elle induit localement des écoulements plus grands, d'où un accroissement de l'effet d'élargissement, etc. L'élargissement des vaisseaux sous l'effet de l'écoulement est l'équivalent du sable emporté qui creuse les rigoles, et la formation spontanée d'arborescences est donc liée au phénomène observé au Plat Gousset, par le fait que le plus grand ruissellement de sang dans les vaisseaux est l'équivalent du débit plus grand dans les plus grands canaux. Remarquez bien que, par rapport à l'image de la marche au hasard (figure 10), les vaisseaux réels sont plus allongés, ce qui est aussi le cas des arborescences de la plage. C'est dû essentiellement à un effet de réorganisation, ici un lissage des arbres, à l'intérieur de l'arborescence, qui n'a pas lieu pour les pixels marchant au hasard de la figure 10.

Mais il faut maintenant expliquer *l'enchevêtrement* des artères et des veines. Cet enchevêtrement trouve son origine dans ce qu'on appelle en biologie vasculaire la régression capillaire : à mesure que les vaisseaux principaux émergent et se forment, ils se déconnectent des capillaires, sauf aux extrémités, par où le sang sort et irrigue le lit capillaire situé au bout. De ce fait, le lit capillaire où passe l'arbre n'est, en fait, pas connecté à l'arbre. Cela est particulièrement évident dans la figure 13, où l'on remarque bien que les gros vaisseaux ne sont pas connectés aux capillaires. Si vous regardez les veines sur le dos de votre main, pensez que les gros tuyaux ne sont pas connectés, en fait, à ce dos de la main, ce ne sont pas eux qui l'irriguent.

Comment se fait donc la croissance et l'enchevêtrement ? D'un côté, des capillaires s'agrandissent en artères, et se déconnectent, au fur et à mesure, desdits capillaires ; ailleurs, des capillaires se transforment en veines, et se déconnectent également, sauf aux extrémités. Si une veine passe au voisinage d'une artère, il n'y a aucun écoulement direct de l'artère vers la veine, car ni l'une ni l'autre ne sont connectées aux capillaires. Les veines s'agrandissent vers l'avant, sous l'effet du sang qui parvient des artères à travers les capillaires (les veines remontent le courant, comme les canaux d'érosion sur la plage) ; quant aux artères, elles s'agrandissent pour une raison analogue, mais en descendant le courant, car ce qui compte, ce n'est pas que le sang aille dans un sens ou dans l'autre, mais qu'il ait une certaine intensité (un débit suffisamment fort élargit les vaisseaux, peu importe que le débit soit dans un sens, ou dans l'autre). Les veines peuvent bien croiser des artères, l'essentiel des artères est invisible pour les veines (et réciproquement). Seules les extrémités des artères et celles des veines restent connectées au lit capillaire, de sorte que les deux arbres se poursuivent par leurs extrémités, et s'enchevêtrent en une danse presque macabre, si l'on pense à ces vasculatures comme à deux arbres morts enlacés. (Cette image est un peu lugubre, étant entendu que le sang est davantage vecteur de vie).

On peut effectuer une simulation numérique qui produit ainsi des vasculatures entrelacées, en effectuant *deux* croissances de *deux* arborescences analogues aux canaux du Plat Gousset, mais qui se déconnectent au fur et à mesure des capillaires. La figure 14 montre, à gauche, l'enchevêtrement des vaisseaux que l'on obtient. La figure de droite montre la vasculature obtenue au final. Il faut préciser deux choses, dans l'image de gauche, je n'ai représenté qu'un quart des capillaires (à gauche, le fin grillage noirâtre). Ces capillaires sont l'analogue du sable de la plage, ou plutôt, des interstices entre le sable. La figure suivante, dans laquelle on a retiré les capillaires, montre la vasculature enchevêtrée, l'équivalent d'un moulage des canaux enchevêtrés. En second lieu, il faut insister sur le fait que, dans cette simulation, tout se passe comme si la mer, au lieu de circuler de la plage vers les canaux, s'écoulait des artères vers les veines, en une marée à sens unique.

Dans mon précédent livre, j'ai évoqué le cas de l'embryon de poulet, et j'ai montré qu'une partie au moins de la vasculature de l'œuf était contrôlée par ce mécanisme. Mais la vasculature de l'œuf est une structure bidimensionnelle (ont presque…). J'ai présenté ci-dessus le scénario de construction d'une vasculature tridimensionnelle permettant de fabriquer des vasculatures enchevêtrées. Ce dernier modèle est une conséquence du

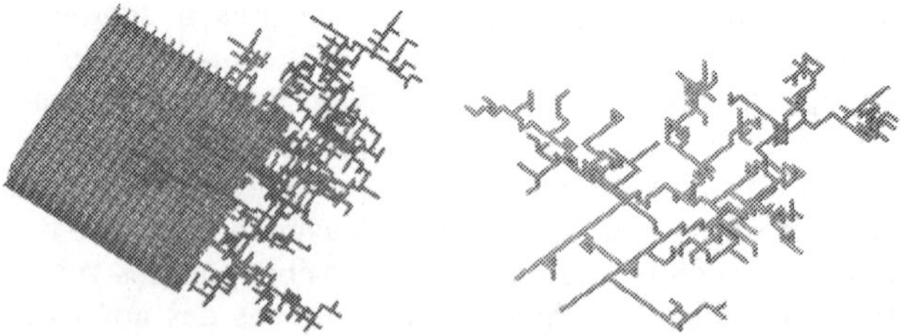

Figure 14. À gauche : croissance de vaisseaux par canaux entrecroisés. À droite : résultat final. Par rapport à l'image précédente, on a retiré les vaisseaux morts, où ne circule pas de sang, au bout du compte. En effet, au fur et à mesure que les vaisseaux croissent, ils peuvent, à un moment de leur histoire, voir un courant sanguin important, et plus tard se trouver privés de sang par le fait que d'autres vaisseaux se sont formés. La nature élimine, au bout d'un certain temps, les vaisseaux qui ne voient pas d'écoulement.

premier. C'est un développement récent, qui s'est produit entre mon précédent livre et celui-ci. Cette remarque me permet d'insister tout d'abord sur le fait que ce livre n'est pas une paraphrase du précédent (heureusement !), et ensuite sur le fait que la science avance, et que ces modèles successifs illustrent comment on passe d'une situation simple à une situation plus compliquée, et le temps que cela prend. À la date d'aujourd'hui, la question qui m'intéresse est de savoir comment les capillaires se décrochent des vaisseaux moyens ou gros, et si la mécanique du tissu sous pression entre les tuyaux, ainsi que la présence de fibres (encore elles) n'y jouent pas un rôle essentiel.

Pour finir, regardons une dernière fois une noix, un cerveau, les ruisseaux de la plage du Plat Gousset, la peau du shar-peï et les veines de nos vingt ans : toutes ces formes ont en commun d'être *désordonnées*. Bien qu'il y ait autant sinon davantage de formes désordonnées qu'ordonnées dans la nature, notre œil est particulièrement sensible aux formes régulières. Mais le chien est plié pratiquement au hasard, les arborescences de Granville branchent de même et tout cela n'est pas très géométriquement ordonnancé, cher monsieur Galilée. Le but du prochain chapitre sera de remettre un peu d'ordre dans ces structures, et de montrer qu'on peut ordonner, régulariser, géométriser les formes conçues par ces processus, au point qu'elles aient l'air construites par des architectes (ou bien un seul architecte, mais alors, un *grand* architecte, hein ?).

Chapitre IV

LES ARCHITECTES DES FORMES

Ordre et discipline, combien ces mots grincent à nos oreilles. Qui ne veut voir qu'une seule tête se prépare souvent à la couper. La science, « évidemment », ne fait pas de politique, et l'ordre est un sujet respectable de recherches. Nous ne faisons d'ailleurs presque que cela : chercher l'ordre, comprendre le rôle du désordre, comment les choses deviennent ou bien cessent d'être régulières. Qu'est-ce que l'ordre, finalement, sinon un fait de la nature : choses répétées, ou choses symétriques, choses à l'ordre moins présent et pourtant là : ordre dans le désordre, chaos déterministe, amour vache entre la matière et le temps.

La physique de l'ordre est en quelque sorte la caverne d'Ali Baba de la science : qui en possède le sésame accède à ses perles, ses pierres précieuses, ses joyaux. Dans la grotte, toute de matière brute, brillent de mille feux les objets de l'émerveillement. Dans le conte des *Mille et Une Nuits*, il y a les quarante voleurs, et Ali Baba, qui les épie. Qui sommes-nous, en définitive ? Tantôt les voleurs, quand nous pénétrons dans la caverne pour y déposer des merveilles dérobées à la nature (l'ensemble de Mandelbrot, par exemple), tantôt le jeune Ali Baba quand, ignorants, nous y descendons pour découvrir et contempler ce qu'elle recèle.

Pourquoi s'intéresser à l'ordre, finalement, sinon pour comprendre la beauté des choses ? Ainsi, des mécanismes simples vont donner parfois des formes subtilement ordonnées, arborisées comme les dépôts en peupliers de la figure 1A en lieu et place d'arbustes irréguliers comme ceux de la figure 1B. Pourquoi s'en préoccuper ? Pourquoi ce *phénomène-là* devrait-il retenir notre attention ? Et pourtant, il la retient, et des armées de physiciens se sont attelés à comprendre l'origine de ces différences.

Il semblerait que, en quelque sorte, la clé de la nature et donc de ce qui nous intéresse en elle, soit caché dans de subtils effets, et que les « choses » qui concernent les affaires humaines se situent toutes plus ou moins dans cette frontière entre l'ordre et le désordre. *C'est là que ça*

Figure 1A. Dépôts électrochimiques en forme de peupliers.

Figure 1B. Dépôts électrochimiques en forme de saules pleureurs.

se passe, comme disent les jeunes qui sortent du camping pour aller en boîte de nuit. Il ne se passe rien dans le chaos total, et rien dans l'ordre absolu, figé. Le plaisir et l'intérêt pour ces choses sont indissolublement liés.

Le rôle des interrupteurs

C'est la diversité de principe des formes, à l'échelle qui nous occupe, qui permet l'existence en pratique des choses et leur variété (les deux allant de pair), or cette diversité n'est rendue possible que par la présence dans tous les mécanismes physiques connus d'*interrupteurs* (aux noms évocateurs dans le domaine : brisure de symétrie, paramètres critiques, seuils de bifurcation, variables essentielles, bifurcations sous-critiques ou surcritiques, bandes d'instabilité, cascade sous-harmonique, transition rugueuse, etc.) qui autorisent le foisonnement, le passage d'un type de forme à un autre. Tout n'est pas glacé et raide, bien au contraire.

Mais que sont et que font ces interrupteurs ? Ce sont des propriétés qu'on peut ajuster (température, viscosité, vitesse, etc.) et qui font apparaître quelque chose de nouveau là où il n'y a rien d'intéressant, ou bien qui rendent quelque chose de plus en plus foisonnant (pas forcément complexe, ni désordonné). L'exemple le plus simple est celui de la bouteille qu'on incline pour verser du vin à un ami : si on incline un peu, le filet de vin est continu et lisse, et les physiciens qualifieraient ce filet de pas très intéressant, sinon pour l'accompagnement de la viande. Mais si on incline un peu plus, ça fait glou-glou glou-glou… et ça coule de façon un peu saccadée. Une périodicité est apparue dans l'écoulement, qui n'est plus lisse : il a changé de forme. Si on incline encore plus, cela fera glou-glo-gli-glou-glo-gli-glou-glo-gli, etc., l'écoulement devient de plus en plus irrégulier, à la limite, on finira par éclabousser tout le monde, et le gros rouge qui tache sera perdu autant pour la viande que pour la science. Dans cet exemple, l'interrupteur est l'inclinaison de la bouteille, et la forme est la forme du filet d'eau qui coule. Évidemment, le scientifique se demande pourquoi la forme de l'écoulement change quand on incline la bouteille. Ce qui est également intéressant, c'est que cela se produise à notre échelle. On pourrait imaginer un univers dans lequel on aurait beau incliner la bouteille, cela sortirait toujours uniforme. Ce n'est pas le cas, pas dans le nôtre. Dans notre univers, quand l'homme agit avec ses forces sur une chose de son environnement, il se produit en général des choses nouvelles pour lui. C'est un mystère, une évidence : l'homme vient tout ensemble avec la complexité (l'homme et aussi la méduse, la limace, le champignon).

Si l'on s'intéresse à l'apparition d'un peu d'ordre dans un système, on va *de facto* devoir invoquer des forces sous-jacentes qui vont nous en apprendre beaucoup sur le système en question, et l'on aura bien avancé. Par exemple, si l'on s'intéresse au poivron avec un regard de chercheur (comme on regardait les rides de la plage de Granville), on regardera le poivron à l'étal du marchand de primeurs pour constater que certains poivrons ont une extrémité à symétrie carrée, d'autres à symétrie triangulaire. La figure 2 montre deux de ces poivrons. Je me suis rendu dans trois magasins différents, très éloignés les uns des autres, et, chaque fois, j'ai pu trouver côte à côte dans le panier deux poivrons présentant cette différence de morphologie frappante.

Figure 2. Photographies de poivrons vus à l'étal d'un supermarché : l'un est à symétrie 3, l'autre à symétrie 4. On trouve des poivrons de ce genre partout.

On ne peut pas croire que quelque chose comme une *espèce* de poivron à symétrie 3 existe, certains poivrons sont à symétrie 3, d'autres à symétrie 4, c'est tout. Voilà qui est bien étrange. Une étude fine de ce phénomène, à l'aspect purement géométrique, révélerait les forces et les facteurs qui en sont la cause. Or il n'y a pas trente-six façons d'expliquer une observation comme celle des poivrons ci-dessus. Pour passer de pas de symétrie du tout (il y a des poivrons à peu près ronds au bout) à la symétrie 3 ou à la symétrie 4, en cours de croissance, il faut être sujet à des forces comme celles décrites au chapitre précédent : on n'a pas le choix. L'interrupteur, ici, sera la vitesse de croissance ; en fonction de cette vitesse, le poivron sera lisse, ou bien à symétrie trois, ou bien plus crénelé encore (l'équivalent du glou-glou de la bouteille en fonction de l'inclinaison). Par conséquent, cela suppose que les cellules qui forment la chair du poivron sont réceptives aux forces en question, de même qu'on admet sans difficulté que l'eau coule quand on l'incline.

À vrai dire, toute la science ne se résume pas à ce type de recherche. Ainsi, lorsqu'on étudie la chimie des molécules, ou par exemple la dynamique d'ouverture et de fermeture d'une paire de bases dans l'ADN, le travail ne se résume pas à une recherche d'ordre ou de symétries. De même, on peut dire que les glandes salivaires, la poitrine et la prostate se ressemblent, et croissent un peu de la même façon, mais la salive, le lait et le sperme sont des liquides évidemment différents, et leur différence ne tient pas à une différence de forme. Pour comprendre pourquoi les seins produisent le lait et la prostate le sperme, et non l'inverse, il faut s'intéresser à la biochimie des réactions intracellulaires, qui n'ont, pour autant qu'on puisse en juger, que très peu de rapport avec la forme (quoique…).

Du rein de souris au flocon de neige

Mais rentrons un peu dans les ordres, si j'ose dire. Je ne vais traiter dans ce chapitre que de deux types d'ordres. D'autres apparaîtront au chapitre suivant, relatif à Alan Turing. Il en existe encore bien davantage, dans la mesure ou l'on étend plus ou moins l'acception de ce mot à des structures compliquées mais que l'on est capable de reconstruire par une théorie. Par exemple, le mouvement désordonné d'un pendule se promenant entre trois aimants présente certaines régularités statistiques qu'on aimera qualifier d'ordre dans le chaos, dans une acception très élastique du mot ordre. J'évacue sans autre forme de procès ces structures, qu'on trouvera décrites et commentées ailleurs.

Le premier genre d'ordre qui touche à mon propos concerne le passage de quelque chose de désordonné à quelque chose d'ordonné. Ainsi, une chose existe qui est un peu brouillonne, mais qu'un agent plus ou moins extérieur va rendre plus régulier. Si l'on pense à la différence entre une manifestation anarchique (ou anarchiste) et un défilé militaire, on voit que le défilé militaire est une manifestation anarchique à laquelle on *ajoute* un facteur d'ordre (le pas cadencé, le menton levé et le regard oblique permettant de s'aligner). On pourra penser que le militaire est un anarchiste avec quelque chose en plus, ou bien que l'anarchiste est un militaire avec quelque chose en moins, en tout état de cause, la forme irrégulière, débridée, précède souvent la forme régulière. En sciences, comme dans d'autres domaines, le comportement « naturel », ou plutôt premier, est en général le comportement désordonné, et c'est l'ordre qui demande plutôt une explication.

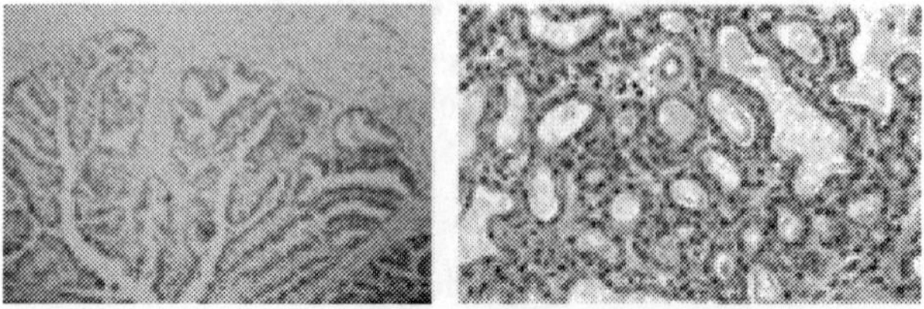

Figure 3. À gauche : coupe dans une prostate montrant des branchements plutôt irréguliers. En fait, il est fort rare de voir dans une coupe la structure réelle de l'organe. Lorsqu'on coupe au hasard, on obtient des images plutôt comme celle de la figure de droite. Des images pratiquement identiques seraient fournies par des seins, des pancréas, des glandes mammaires ou salivaires, etc. Nous sommes un paquet de petits arbres bien emmitouflés dans une grande peau, et suspendus à un mécano osseux.

Donnons quelques exemples un peu moins sensibles politiquement. Parmi tous les organes arborisés (reins, poumons, glandes mammaires, salivaires, etc.), il en est d'assez joliment réguliers et d'autres plutôt très désordonnés. Il en va de même pour les moisissures, ou les cancers, qui peuvent brancher n'importe comment, ou bien selon des angles bien précis.

De même, les premières divisions du poumon sont bien régulières, ça se divise gauche-droite de façon presque géométrique, mais plus on va vers le fond, plus c'est n'importe quoi, ou, à tout le moins, divisé en un fouillis de branches partant dans tous les sens. En termes scientifiques (biologiques) on dira que les premières divisions sont très stéréotypées, mais que plus on va vers le fond, plus c'est aléatoire. Cela suggère que le mécanisme de formation de ces branches est une croissance fondamentalement aléatoire, capable d'aller un peu dans toutes les

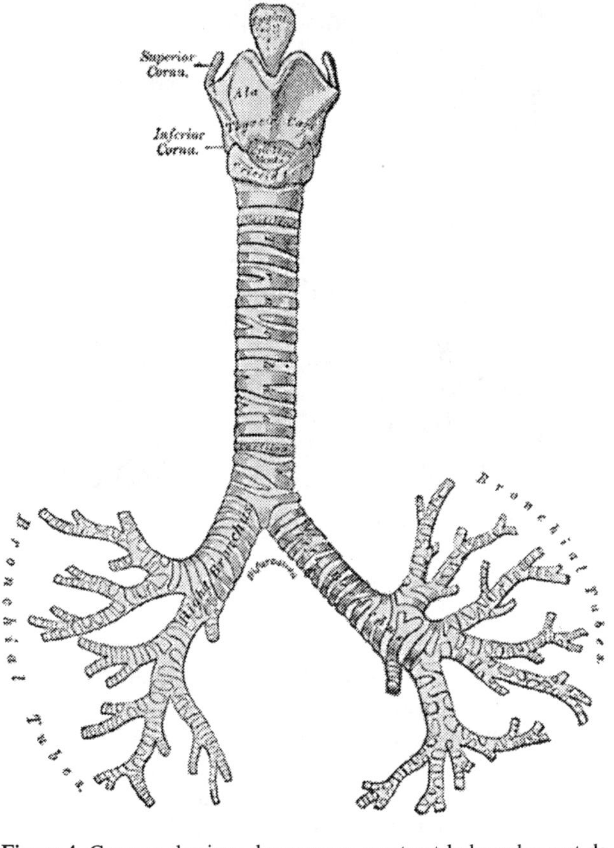

Figure 4. Gravure classique de poumon, montrant le branchement de la trachée.

directions suivant le contexte, mais susceptible, éventuellement, d'être ordonnée par un facteur régularisant, à trouver et expliquer.

La figure 5 montre un rein de souris à un stade précoce de développement. C'est une souris OGM : son rein a la particularité de briller dans le noir (fluorescent), ce qui permet de filmer son développement, vu en quelque sorte

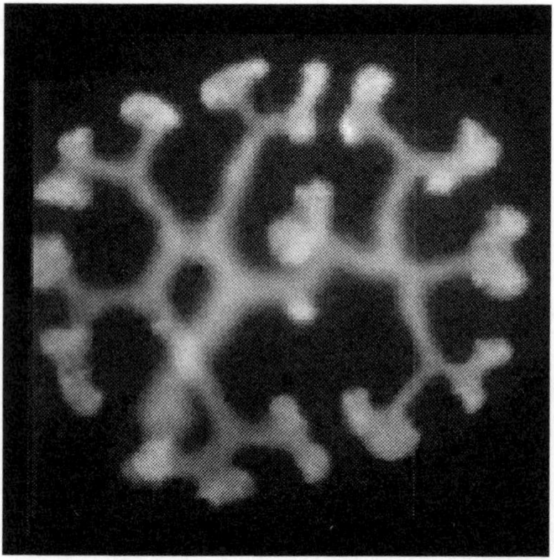

Figure 5. Rein de souris dont la croissance est filmée *in vitro*.

« en transparence » (comme quoi les OGM peuvent avoir quelque utilité) [1].

On remarque sur l'image que les branchements font des angles caractéristiques, et que les tubes sont droits. Les divisions de la tubulure forment des angles à 120°, quasiment symétriques, ce qui n'est pas le cas de la prostate (voir figure 3). Le même genre de branchement s'observe sur des végétaux, où l'on verra sans surprise des branches formant des Y en baguette de coudrier très symétriques. La figure 6 montre un branchement de ce genre, sur un prunus.

1. Pour faire cette expérience, il faut prendre une souris femelle ayant subi la modification correspondante de son génome (ses reins brillent dans le noir). Puis on la féconde. Puis on attend que les embryons se développent un peu. Puis on la tue. On ouvre son ventre, on sort les embryons. On tue les embryons. On les dissèque, on sort le rein à un stade précoce. On met le rein dans une boîte de Petri (avec quelques additifs genre antibiotiques), puis on filme la croissance, et on essaie de comprendre ce qui se passe. Je dis cela sans aucun état d'âme : ces opérations sont nécessaires si l'on veut comprendre la formation de ces organes (je remercie Tomoko de les avoir faites à ma place). On n'a pas le choix. Âmes sensibles s'abstenir, ou venir discuter.

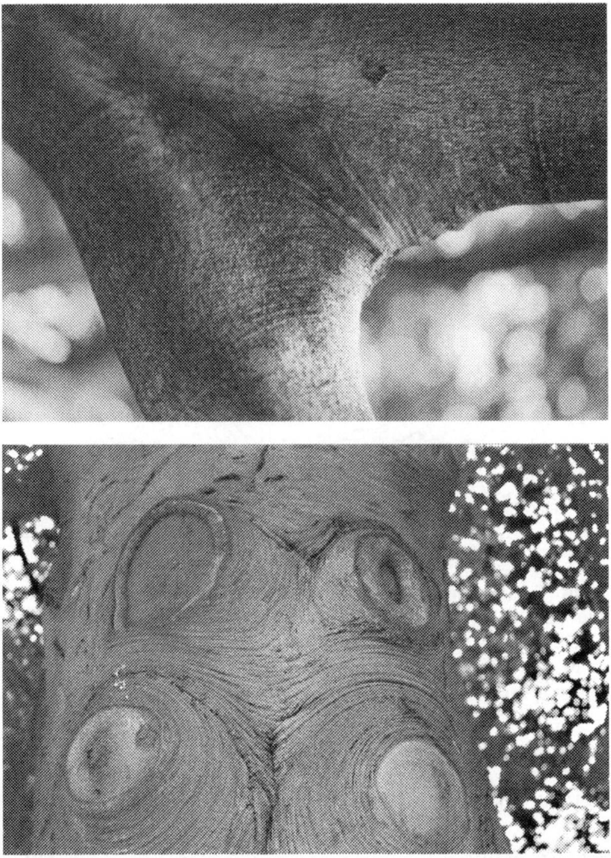

Figure 6. En haut : branchement de prunus, symétrique, participant à l'aspect régulier de l'arbre. Pourtant, les branches de prunus ne croissent pas en se divisant en deux au bout. Les petites branches sont très irrégulières (bourgeons latéraux), et c'est peu à peu que le branchement acquiert une forme symétrique. On trouve au parc Montsouris un arbre (en bas) où quatre branches, aujourd'hui coupées, ont trouvé leur équilibre sous l'effet de la structure fibrée du bois (quatre pôles).

Un autre exemple nous est donné par les flocons de neige : ils sont le parangon de l'ordre cristallographique, étendu aux formes de croissance. L'ordre cristallin sous-jacent induit des formes régulières, que le calcul par ordinateur retrouve. Les branches émergent dans des directions précises, cristallographiques, et les angles ne peuvent prendre que des valeurs parfaitement déterminées, identiques aux angles suivant lesquels s'alignent les atomes dans le réseau cristallin. C'est ce qu'on appelle un ordre à longue portée (parce que les atomes sont alignés sur des distances énormes, arbitraires).

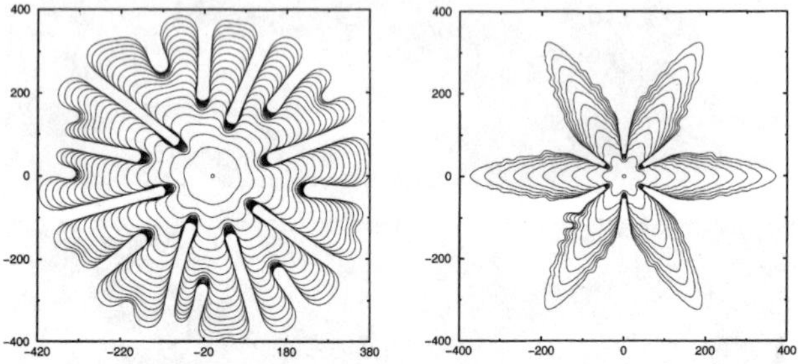

Figure 7. Croissance à deux dimensions d'un cristal, par la méthode dite du champ de phase (calcul numérique par éléments finis, M. Dejmek). À gauche, le calcul ne contient pas d'ordre cristallin. À droite, un ordre cristallin est pris en compte, dans lequel les atomes sont supposés s'aligner sur un réseau hexagonal.

Mais si l'on effectue le même calcul en supprimant l'ordre cristallographique, on forme des branches globuleuses, qui font des espèces de *blobs* aléatoires. Des branchements irréguliers de ce type sont très fréquents, et il en a déjà été question plus haut. La forme semble brancher dans tous les sens d'une façon presque démentielle (que j'avais appelée la matière folle dans mon précédent livre).

Ainsi, dans les deux exemples ci-dessus, l'un biologique, l'autre physique, on observe un type de croissance irrégulière (la prostate, la jeune branche, le dépôt chimique désordonné), et dans un contexte un peu différent, une croissance régulière (le rein aux branches précises, le prunus en « baguette de coudrier », le flocon de neige). On trouverait des concepts analogues pour les vaisseaux sanguins, parfois très irréguliers, mais parfois branchant précisément, suivant des tubes aussi raides et bien connectés que de la plomberie PVC.

Nous avons dit et répété que le facteur organisant la structure des flocons de neige est l'alignement – pratiquement militaire – d'atomes dans le réseau. Cet alignement favorise continuellement la pointe qui avance de façon déterminée. Autour de cette pointe, une forme parabolique naît qui est le résultat de la croissance vers l'avant de la pointe et de l'arrivée des atomes sur les côtés. Comme les atomes ont davantage de trajet à faire pour aller habiller les côtés de la pointe, le résultat est une forme en ogive qui se perpétue identique à elle-même. À grande distance de la pointe, des instabilités se développent qui forment d'autres pointes identiques à la première, mais partant dans une des autres directions privilégiées de croissance, et ainsi de suite. La naissance de l'ordre, dans ce flocon, est dû au fait que certaines directions sont privilégiées par l'alignement des atomes. Si l'on repense à nos petites mains et à nos gros bras du premier chapitre, il suffit de dire que ce sont les gros bras qui imposent la direction dans laquelle ça pousse (c'est plutôt là où ça passe plus vite, de petit à gros, que c'est plus pointu), un peu comme si elle forçait un vélo à aller tout droit, en tenant le guidon. Si la surface est partout la même (uniquement des petits bras), ça se déstabilise sans direction préférentielle, et c'est le contexte, voir la plus petite anomalie de la surface qui choisit les points de branchement. En quelque sorte, ce n'est pas la croissance elle-même qui tient le guidon : le moindre cahot, nid-de-poule, provoque une embardée. Un explication plus rigoureuse imposerait de faire le bilan entre les gros bras à la surface, et la force qui tire sur la surface pour la faire pousser

La particularité de l'ordre cristallin, qui lui a valu un intérêt considérable depuis un ou deux siècles, est dans l'alignement parfait des atomes à très grande échelle, ce qui perpétue les angles et les motifs (et rend aussi le problème plus facile). Vu dans le blanc des yeux, l'architecte qui cause la parfaite régularité de ces structures est l'atome.

Sa structure intime se reflète dans la manière dont il s'accroche à ses voisins, d'où le « genre de régularité » : plutôt carré, plutôt hexagonal, etc., une grosse main par ici, une petite main par là. La construction finale de ces formes dendritiques est donc très raide, et une forêt de telles dendrites aura l'air très régulière, bien que la cause de la régularité soit invisible à l'œil nu (l'essentiel est invisible pour les yeux, on ne voit bien qu'avec un microscope électronique à transmission). On remarquera que les sapins de la figure 1 sont un peu en arête de poisson. Sauf que… les arêtes de poisson ne sont pas faites d'atomes ! !

Quel est donc l'équivalent pour les *vraies* arêtes de poisson, ou pour parler d'un problème que je connais un peu mieux, pour les organes branchés (genre poumon, etc.) ? Quel est le facteur qui « réordonne la structure », la fait passer du désordre (du chaos, si l'on veut) à l'ordre ? Qui est l'architecte de la structure pulmonaire ?

Le slip naturel

Revenons à des histoires d'ordre et de désordre vues du côté des anarchistes. Dans le film de Tati, *Mon oncle*, il y a une scène hilarante où « mon oncle » (M. Hulot) casse les branches qui poussent le long des espaliers de la maison de son beau-frère. C'est au cours d'un cocktail mémorable, où la voisine est prise pour une marchande de tapis par la maîtresse de maison. Ayant cassé un certain nombre de branches, « mon oncle » revient la nuit pour en casser d'autres, de façon à redonner à l'ensemble un aspect symétrique. Il y a en quelque sorte un *vrai* architecte, celui qui a construit le décor et la maison géométrique qui semblent tant plaire à la sœur et au beau-frère de Hulot. À cet architecte répond un autre plus facétieux (Hulot) qui met la pagaille dans les plantations. Un peu honteux il finit nuitamment par leur redonner, après de nombreuses approximations, un aspect présentable.

Si donc l'atome est l'architecte pompier du flocon de neige (on peut le trouver un peu raide sur les bords), qui est le M. Hulot qui essaie tant bien que mal de redonner un peu d'ordre aux organes ou aux végétaux ? Il y a en fait plusieurs complices, qui travaillent au même ouvrage.

Tout d'abord, il y a le « maillot de bain ». Pour un peu, c'est M. Hulot, mais en vacances. Cet effet maillot de bain tient au caractère entoilé des tissus vivants. Ce qui impose la régularité des branchements végétaux ou animaux, c'est le caractère fibré des intersections, qui induit des forces poussant à la symétrie. La figure 6 montre un branchement dans un arbre (prunus). La figure 4 montrait un branchement dans un poumon, d'après une célèbre gravure d'un médecin du siècle dernier, Gray. Ces branchements sont caractérisés par la présence d'anneaux qui font le tour des branches et les enserrent à la manière d'un slip, d'un string, d'un maillot de bain.

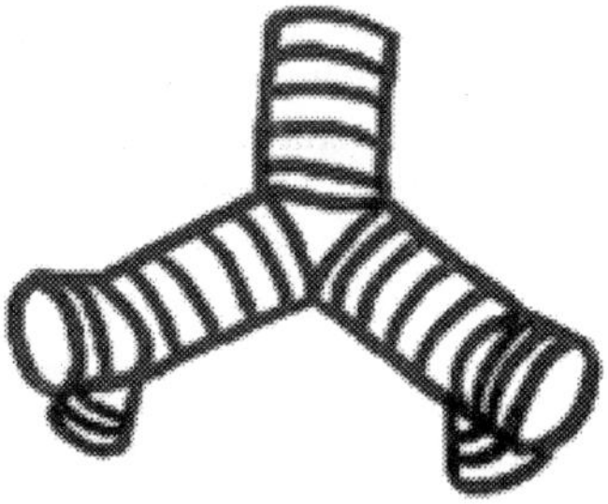

Figure 8. La structure en maillot de bain du tissu biologique.

Pour reconnaître le maillot, il faut regarder l'intersection comme la limite entre un tronc et deux jambes. On reconnaît alors facilement une structure en slip du tissu vivant (figure 8). Comme serrée par l'élasthane d'un maillot de compétition, la structure même de chaque tuyau est stabilisée, alignée, raccordée aux autres par la mécanique du tissu. Il faut noter que, en réalité, la toile du vivant est fibrée dans deux directions, c'est vrai des végétaux comme des animaux, et même de bestioles moins fréquentées, comme les éponges. On s'explique donc que les branches naturelles aient des formes de tuyaux assez raides, avec des raccords faisant des angles précis. Il en va ainsi dans les végétaux, dont les nervures sont rigides et droites (la fibre de bois étant très solide), il en va de même des branches des organes et des vaisseaux, quoique avec un peu plus de souplesse. Ainsi l'ordre cristallographique des atomes induit des angles précis dans les cristaux, et l'ordre orientationnel des cellules induit des angles précis dans les tissus vivants. On ne s'étonne pas alors que les reins cultivés *in vitro*, en boîte de Petri, mais sans leurs fibres, aient une forme aléatoire, branchant un peu comme l'image de la figure 7, à gauche, alors que le rein naturel présente des branches assez régulières. C'est une des explications de la « stéréotypie », observée en biologie-médecine. Les branchements dichotomiques sont rapidement réarrangés, stabilisés pour atteindre une forme bien régulière, comme la trachée des poumons de la gravure de Gray.

On trouve des phénomènes similaires dans les vaisseaux sanguins, dont la tuyauterie est arrangée aux angles par les fibres, mais aussi, sous l'effet de l'écoulement, qui joue un rôle régularisateur.

L'explication que nous venons de donner semble naturelle, pour une intersection de trois tuyaux, mais comment faire le parallèle avec le flocon de neige, puisque les branches du flocon de neige se forment par croissance d'une pointe ?

Les tisserands du vivant

Pour expliquer le parallèle entre les organes et les flocons de neige, il faut revenir à la forme du doigt. La peau du doigt, si on enlève l'os et tout ce qui est dans le doigt, ce n'est jamais qu'une peau en forme de tuyau bouché au bout. Ça ressemble à une extrémité de tuyau de poumon, ou de rein en croissance. Or nous avons vu qu'on ne peut pas coucher les fibres sur le bout d'un tel tuyau n'importe comment : il reste des coutures qui tendent à former des petites éminences, des pointes qui saillent. En ce sens, la surface n'est pas isotrope, et il y a donc des directions qui pointent naturellement, et vont permettre, faciliter, la croissance dans ces directions. Ainsi, on peut voir les quatre pointes saillant dans le berlingot qui mettait fin au chapitre II comme des axes privilégiés, non pas « cristallographiques », mais des axes de croissance que la surface préfère, *bien que l'ordre ne soit pas un ordre atomique*. Ainsi, les fibres définissent une anisotropie microscopique (un côté gauche, un côté droit, et une direction privilégiée), qui va se traduire, sur une calotte sphérique, par des directions privilégiées de croissance. La croissance dendritique d'une empreinte digitale, en quelque sorte, donnerait quelque chose comme un poumon. Sur la gravure montrée figure 4, les anneaux de cartilages sont en quelque sorte les empreintes digitales du poumon. La figure 9 montre des images plus modernes.

Ces images montrent que tous les branchements et alvéoles du poumon sont en fait définis par les positions des fibres. Le poumon est en quelque sorte une vaste arborescence de fibres, un grand flocon de fibres. On peut dire un peu la même chose des végétaux, dont les fibres, de ce point de vue, nous sont plus familières et évidentes.

En fait, la structure tissée du vivant est tellement proche d'un véritable tissu qu'on peut se demander si l'homme n'a pas simplement emprunté à la nature l'idée du tissage.

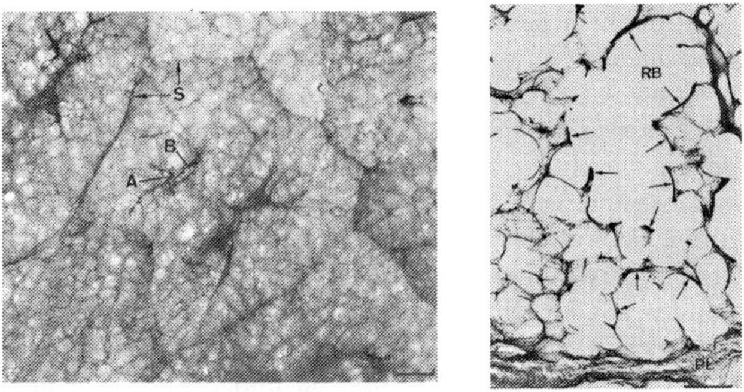

Figure 9. Images de poumon montrant des arches partout où il y a des fibres tendues. À l'échelle d'un lobule (à gauche), on voit une sorte de grande barbe à papa de fibres ; à l'échelle des alvéoles, on voit les fibres qui couvrent tous les bords de tuyaux (à droite).

Il existe des palmiers, par exemple, dont l'épiderme, en se desséchant, laisse tomber des pans de toile qui ressemblent à s'y méprendre à de la toile de jute. Vous pouvez voir ce genre de toile dans des palmiers en bacs, à la terrasse d'une brasserie ou d'un jardin public. Je suis prêt à parier que beaucoup de passants pensent que c'est un emballage, les restes du sac dans lequel était la jeune pousse avant d'être replantée.

S'agissant des tuyauteries animales ou végétales, il existe d'autres effets. Par exemple : l'alignement dans le sens de l'écoulement tend à régulariser les tuyaux. Cet effet est visible aussi dans l'image du Plat Gousset : les rivières plus grandes tendent à êtres plus lisses sur de plus grandes distances. C'est également vrai des tuyaux vivants. Il existe encore un autre effet, dû à la réaction de la « viande » autour, qui sera évoquée au chapitre suivant. Qu'on me permette de dire ici, simplement, que les tuyaux, comme les vaisseaux de la figure 13 du chapitre précédent, ne poussent pas dans du vide. Dans une image comme celle de la vasculature de l'œil de porc, la viande autour des vaisseaux a été dissoute, détruite, pour voir apparaître le moulage de l'intérieur des tuyaux, dans toute leur splendeur. L'inconvénient de ce procédé, c'est qu'il donne à penser que la chair autour des tuyaux ne joue aucun rôle, tout ne semble advenir qu'à l'intérieur des tuyaux, le reste pourrait presque être du vide. Et, de fait, les modèles de morphogenèse existants négligent en général la chair autour des tuyaux. Cependant, si l'on suppose que les tissus des tuyaux ont un effet sur leur forme, si l'on suppose que les tissus des tuyaux réagissent aux forces mécaniques, si l'on suppose… ne doit-on pas en supposer autant pour la chair entre les interstices ? Si on prend en compte une réaction active des tissus entre les vaisseaux, on obtient des branches régulières ; si le tissu est régulier, comme le sont les distributions de fibres dans les muscles, ou bien les couches de cortex, on trouvera des régularités concomitantes des vaisseaux (de même que les nervures des feuilles simples s'alignent avec les cellules qui forment les « palissades » – c'est le nom – de la surface des feuilles).

Retour à la chipsification

J'ai dit plus haut que j'allais présenter deux mécanismes permettant d'obtenir des choses régulières. J'ai parlé tout d'abord de choses irrégulières qui se régularisent sous l'effet d'un agent matériel. Il s'agissait de formes de croissance, comme celles qu'on rencontre en biologie, surtout. Je vais maintenant évoquer des choses qui sont d'emblée régulières, sous l'effet de ce qu'on appelle une brisure de symétrie. Ce mécanisme a déjà été beaucoup décrit, donc je serai bref, ici, et d'ailleurs, je l'ai déjà décrit moi-même au chapitre précédent. Je fais donc un petit retour sur l'exemple déjà cité de la chipsification. J'ai dit qu'une chips se contracte en prenant la forme d'une selle de cheval. D'une forme circulaire, identique dans toutes les directions, on est passé à une forme qui ondule comme une jupe de mariée : dans certaines directions ça monte, dans d'autres ça descend. C'est régulier aussi, mais moins qu'un cercle parfait. La selle de cheval a des symétries (gauche/droite, devant/derrière) mais c'est moins symétrique qu'un cercle parfait. On dit donc qu'on passe d'un cercle à la selle de cheval par une *brisure de symétrie*. Mais en fait, cette brisure de symétrie, simple à comprendre, du moins dans le résultat final, n'est qu'un cas parmi beaucoup d'autres de brisures de symétrie. Ainsi, si l'on cuisait une énorme chips, disons de un mètre, on n'obtiendrait pas une selle de cheval de quatre-vingt-dix centimètres, mais plutôt une succession d'alvéoles et de bosses, un peu comme une boîte d'œufs. La brisure de symétrie, ici, transforme une grande feuille plate en un réseau régulier de creux et de bosses. La selle de cheval est toujours là, mais reproduite un très grand nombre de fois, aux coins de chaque creux. De même que, suivant la forme et la tension d'une corde de guitare, les ondulations d'une corde sont plus ou moins nombreuses (et le ton différent), de même, suivant l'intensité des forces d'écrasement (de poussée, de tension, etc.), on obtient un nombre déterminé de plis, peut-être plus grand que un. Ainsi, certaines chips ont plus d'un pli en selle de cheval, des fois deux, ce qui les fait ressembler à d'autres grignoteries entortillées (mais cuites sur le même mode que la bonne vieille chips). C'est le cas des Chipsters, de Belin, qui ont souvent une forme en S, plus ondulée qu'une simple chips. Le nombre total de plis effectivement observés peut être arbitraire.

Le fait que ces plis soient très réguliers sera affaire de contexte, une fois encore : si le milieu est très uniforme, s'il n'y a pas de grumeaux, si la poussée est régulière, sans à-coups, la répartition des plis sera aussi propre et régulière que les motifs d'un tissu Vichy. De même, l'orientation des plis sera déterminée par de petits effets, les grumeaux ou les propriétés microscopiques du milieu, comme une légère tendance à s'aligner avec des filaments, avec la direction de la gravité, ou avec toute autre « instruction » résiduelle (comme la lumière de la pleine lune pour certaines algues).

Conclusion

Ainsi, l'étude de toutes ces formes nous apprend qu'elles peuvent être régulières ou irrégulières. Que la cause de la régularité est pour partie dans les propriétés géométriques des constituants microscopiques (fibres, fils, atomes, etc.), pour partie dans la formation naturelle de plis ou de bosses. Des propriétés à peines perceptibles en termes de force ont des effets très importants en termes de forme. C'est un levier extraordinaire pour la nature : en modifiant les propriétés des petites entités, par la chimie, elle agit sur la forme complète d'une façon draconienne. La sélection naturelle, ensuite, fera le tri. Primo Levi, dans « La clé à molette », fait dire deux fois à l'un de ses personnages : « la nature est belle parce que variée ». Il a grandement raison, mais en même temps la variété est aussi affaire d'imperceptibles glissements entre des patrons universels. En un sens, la nature a quelque chose des collections de boîtes à camembert : beaucoup de variété dans des formes semblables, et ce sont parfois d'infimes glissements entre les modèles qui provoquent la curiosité, l'excitation, voir le délire de possession du collectionneur.

Les structures régulières sont-elles particulièrement favorisées ? Et si oui, pour quelle raison ? C'est difficile à dire. Il y a une concomitance de la régularité et de la plus grande chance de survie qui n'est pas directement causale. Si la nature invente la fibre pour faire le bois, ce bois est à la fois solide, et il a une plus grande tendance à faire des choses allongées genre branche, et ces choses ont une tendance à remplir l'espace. Ces trois « qualités » augmentent chacune ses chances de survie (plus solide, plus étendu, plus dense), et il est très difficile de dire laquelle de ces qualités, lorsqu'elles surviennent ensemble, sont la cause exacte de la réussite (biologique). C'est subtil, et subtil est un mot faible.

Cependant, il y a au moins deux bonnes raisons à l'existence d'un plus grand ordre dans les formes biologiques que dans les formes physiques. Dans le principe, on s'attend à autant de formes régulières dans l'un que dans l'autre cas. Sur le papier ou dans nos ordinateurs, les modèles marchent aussi bien pour les deux types de systèmes, et les mathématiciens ne font aucune différence entre les deux. Pourtant, les formes physiques, sauf circonstances exceptionnelles qui justifient l'existence des galeries de minéralogies, semblent plus mal fichues. La raison profonde n'est pas dans la différence de nature des modèles, elle est dans le fait que la chose biologique se construit de proche en proche, et en douceur, de sorte qu'à chaque ajout d'une cellule, l'ordre (les plis du cerveau, la distribution des plumes, etc.) se propage ou se conserve. En outre, les cellules sont filles les unes des autres, ce qui garantit une grande constance des comportements des « molécules-cellules » dont est fait le matériau biologique. En physique, les molécules ou atomes arrivent au petit bonheur, dans un désordre tout entier déterminé par l'histoire et le contexte, et encore troublé par l'agitation thermique. Il y a donc peu de chances qu'un cristal croisse longtemps dans les mêmes conditions ; il subira bien vite, à n'en pas douter, une contamination ou l'autre qui va changer sa nature. Et de changements en changements, de perturbations en perturbations, il sautera continuellement d'un type d'ordre à un autre, d'une composition à une autre, pour ne donner finalement que des conglomérats peu flatteurs. Dans quelques poches de perfection, des formes solides inanimées nous disent à leur manière que la vie n'est pas surnaturelle.

Chapitre V

LE MODÈLE DE TURING

Drame en mer du Nord

Dans le sous-marin, le silence s'est fait. Emporté par son inertie, tous moteurs coupés, il se laisse glisser vers sa proie. Dans la nuit noire, sans lune, l'officier de périscope en a à peine discerné les contours, mais il est bien là, à deux ou trois milles, un navire marchand sans défense, ou si peu. Le *Star of Aberdeen* n'a qu'une douze-sept à l'avant, quelques mitraillettes perso appartenant aux marins les plus aguerris, et, en cas d'arraisonnement, des bâtons de dynamite pour envoyer par le fond ses quinze cents tonneaux de toile d'un nouveau matériau américain, le Nylon, dont la Royal Air Force fait des parachutes. Il est bientôt vingt-deux heures *Greenwich Meridian Time* ou GMT. Si tout se passe comme prévu par les tacticiens de la marine de guerre allemande, le U-boot larguera ses torpilles dans moins de vingt minutes, à vingt-quatre pieds sous la mer, pas un de plus. La première heurtera l'étrave du *Star* par l'avant, la seconde viendra ouvrir le flanc tel un ouvre-boîte éventrant une boîte de sardines, la troisième se perdra en mer, ce qui prolongera d'une minute, deux peut-être, le retournement et l'agonie du cargo. Les marins n'ont aucune chance. À bord du U-boot, on connaît son métier, on connaît l'adversaire du jour, et la manœuvre d'approche s'est déroulée sans aucune erreur. Le sous-marin est trimé sur vingt-quatre pieds, les portes des tubes lance-torpilles sont grandes ouvertes et avalent goulûment l'eau de la mer du Nord.

Seulement voilà. Le *Star of Aberdeen*, ce soir, n'est pas par 60° Nord et 18° Ouest au large des îles Shetland. Il mouille tranquillement à Bonasjen, Groenland, sur ordre de la Royal Navy, qui a intercepté trois jours auparavant un message codé de l'amirauté allemande. Par 60° Nord et 18° Ouest il y a bien un navire. Ce n'est pas le modeste *Star of Aberdeen*, qui n'a rien pour briller dans cette nuit sans lune d'avril. C'est le *HMS Duke of Edinburgh*. Six pièces de 105 à l'avant, quatre pièces de 90 à l'arrière, un nombre équivalent de postes de DCA, et surtout, l'équipement sonar-ASDIC dernier cri et les torpilles *blueshark* équipées chacune de deux cents kilos d'explosif trinitré. Tout cela discrètement camouflé pour la circonstance. Il est vingt-deux heures et quatre minutes, le tir est prévu à vingt-deux heures vingt et une sur le U-boot. À vingt-deux heures cinq minutes sur le *HMS Duke of Edinburgh.* Messieurs les Anglais, tirez les premiers. Dans une minute, les tubes lance-torpilles vomiront une flopée de bulles que le sillage des torpilles dispersera dans un mouvement de moulinet reconnaissable entre mille. À bord du sous-marin, un marin-oreille reconnaîtra le bruit caractéristique du largage d'une torpille et criera « Achtung, Torpedo backbord ! » en tournant vers le *Schiffshild* un regard plein d'effroi. Mais il sera trop tard. Dans une manœuvre désespérée, le U-boot lancera machine arrière toute, une tentative d'esquive par un virage plongeant tribord mais… ce sera déjà fini, dans un grand bruit assourdi par la masse d'eau. Le *HMS Duke of Edinburgh* viendra faire des ronds dans l'eau sur zone, éclairera la surface quelques minutes, le temps de s'assurer qu'il n'y a aucun survivant, puis fera demi-tour vers la base navale de Kern-ar-Glow, quelque part dans les Shetland, mission accomplie.

À Londres, le groupe Hut 8 recevra un message de félicitations de Winston Churchill lui-même : « Vous êtes les poules aux œufs d'or : tous les jours vous nous pondez un nouvel œuf, et pourtant, on ne vous entend jamais piailler. » Un mathématicien génial, un champion d'échecs, un transfuge polonais et un académicien des sciences prendront le thé en se congratulant : grâce à eux, le code nazi ENIGMA, cryptant les messages de l'état-major allemand, a enfin pu être craqué. Nous sommes au printemps 1941, la bataille de l'Atlantique vient de basculer.

Le sexe des machines

La poule aux œufs d'or, c'était Alan Turing. On marche sur des œufs, c'est le cas de le dire, et d'ailleurs, on n'ose même plus marcher, dès qu'on sait qu'il était homosexuel. Alan Turing a rejoint en 1954 Léonard de Vinci, Oscar Wilde et Marcel Proust au panthéon des homosexuels flamboyants, des plus grands artistes ou scientifiques homosexuels de l'histoire. Comme Oscar Wilde, Turing subit des persécutions judiciaires. Ce qui était à peine concevable en 1895 paraît franchement incompréhensible en 1952. On ose à peine écrire, « s'agissant surtout d'un homme ayant rendu pareils services à son pays, et à l'humanité tout entière », étant entendu que les autres, ceux qui n'ont jamais rien fait de spécial, sont tout aussi égaux en droits. Doit-on excepter de la liste de ceux qui ont rendu des services à l'humanité les jeunes marins inconscients envoyés par le fond, ou les multinationales de l'informatique qui profitent de leur position pour imposer des méthodes de marketing quasiment maffieuses ? Ces dernières lui doivent bien quelque chose.

Alan Turing est un symbole, un mythe, une icône des temps modernes. Voit-on dans un film un informaticien génial décoder un message secret des Allemands : il en est le modèle. Voit-on dans un film de Spielberg un chercheur génial déchiffrer le message des extra-terrestres : c'est encore lui. Voit-on un mathématicien de haut niveau courir en short autour de Cambridge en se préparant aux jeux Olympiques : c'est toujours lui. Lui, lui, lui ou ses avatars, lui ou l'une des figures qu'il a laissées dans la culture, et qui sont devenues autant de clichés.

Turing a eu un destin tragique, et il n'est même pas besoin d'en rajouter, chaque page de sa vie est pain béni pour les romanciers. Son suicide, d'abord, ou plutôt son supposé suicide. La mort d'Alan Turing rappelle celle de Primo Levi : la fin qu'un grand esprit lassé par son expérience de la vie, déçu par les hommes, choisit délibérément, mettant ainsi un terme à son calvaire (à quarante-deux ans, pour Turing). Primo Levi fut trouvé au pied d'un escalier ; à côté du cadavre d'Alan Turing on trouva les restes d'une pomme pleine de cyanure. Comme pour Primo Levi, un doute subsiste sur la nature de sa mort. Suicide ou accident ? On nous dira qu'il y a comme de l'ironie mal placée dans cette mise en parallèle : on ne peut pas imaginer que Turing ait avalé par mégarde une pomme truffée de cyanure, comme on trébucherait dans un escalier ; son suicide ne peut pas être « supposé », et ce fut bien la conclusion de l'enquête : les experts de la police judiciaire n'ont pas eu le moindre doute. Mais il semblerait qu'il avait l'habitude de manipuler des produits toxiques de ce genre, en particulier devant sa mère, et qu'il ait ainsi, pour couronner l'organisation d'un suicide extraordinaire, donné à sa mère des indices pour penser qu'il était mort par accident. Quel homme ! Nous rêvons tous, un jour, d'être Alan Turing. D'être Alan Turing, mais, nonobstant, de mourir dans notre lit.

Alan Turing est célébré par les crânes d'œuf de l'informatique comme l'inventeur du concept d'ordinateur programmable. Il faut nuancer ; entre Pascal et ses machines à calcul, Babbage et lady Lovelace et leur machine programmable, von Neumann et quelques autres astres de ce domaine, le titre d'inventeur des ordinateurs est très convoité. Alan Turing contribua par ses modèles mathématiques à la définition des machines programmables, et, s'il participa effectivement à la construction d'une machine (BOMBE), il ne fut pas le premier à la réaliser. Il est l'auteur de nombreux théorèmes réputés, traitant des possibilités de calcul des machines programmables, et formalisant l'aptitude d'une séquence d'instruction à résoudre des problèmes précis. Il est l'un des inventeurs de la programmation actuelle, à la fois sur le plan abstrait et concrètement. Il a imaginé des machines lisant et exécutant des séries d'instructions, si bien qu'on entend souvent aujourd'hui le mot de machine de Turing comme synonyme d'ordinateur.

Évoquant ici le personnage d'Alan Turing, il convient de citer son fameux test. Le test de Turing est une invention hilarante, qu'il fit vers 1950. À l'époque, l'intelligence artificielle était en gestation et l'on pouvait publier des articles dont la hauteur de vue était stratosphérique, ce qui est le cas de : « Computing Machinery and Intelligence », qu'on pourrait traduire par « La machine à calculer et l'intelligence », article paru en 1950. Le décor de cette comédie comporte deux tableaux. Le deuxième rassemble un certain nombre d'adeptes de l'intelligence artificielle qui pensent réduire le cerveau à une machine de Turing. Mais le premier tableau remonte plus loin, très loin, peut-être même dans l'enfance de Turing.

L'article d'Alan Turing traite de l'intelligence des ordinateurs à travers le jeu de l'imitation. Or, Alan Turing est arrêté en 1952 pour avoir eu des rapports sexuels avec un jeune homme. Il est poursuivi, puis condamné à subir des injections d'œstrogènes supposées « normaliser » sa libido. Il avait le choix entre les injections ou la prison, c'est charmant. La condamnation infligée à ce grand esprit horrifie tout honnête homme contemporain.

À titre d'exercice intellectuel, supposons qu'Alan Turing ait été emprisonné en 1950, et que son article sur l'intelligence des machines ait paru en 1952. Le test de Turing propose un moyen empirique de déterminer si une machine pense comme un humain : il consiste à l'enfermer dans une pièce, et à lui poser des questions avec un clavier, un écran, etc. Si on ne peut deviner qu'il s'agit d'une machine en posant ces questions, alors cette machine est réputée être d'une intelligence comparable à l'intelligence humaine. En fait, le texte de Turing commence par un exemple visant à déterminer non pas si une machine est intelligente ou pas, mais si un être humain est *homme* ou *femme*. Avant même de poursuivre dans le commentaire de l'article de Turing, on doit s'arrêter et penser : mais, diantre, Turing était homosexuel. Le problème d'identification du genre était son problème à lui. Enfermé dans une pièce, et répondant à des questions, qu'aurait-il répondu ? Qu'auraient pensé les interlocuteurs ? Il faut préciser que le test de Turing (s'agissant d'un test du genre comme d'un test d'intelligence) suppose que l'homme dans le premier cas, la machine dans le second, trompe constamment, ou essaie de tromper l'interlocuteur. Or quoi de plus enfoui dans Alan Turing, que le fait de faire constamment semblant, de dresser des paravents entre lui et les autres, entre lui et sa mère, lui et les militaires, etc. ?

Fictionnalisons un peu cet aparté : nous sommes en 1952 (1950 ?), Alan Turing répondant à la police, la police le questionnant sur ses mœurs. Quel étrange parallèle avec le test de Turing, Turing subissant le test dont il porte le nom ! La vision policière de l'informaticien, tirant les vers du nez de la machine ou de l'homosexuel par un interrogatoire, est très inquiétante. On ne commente pas, dans le test de Turing, le rôle de celui qui prépare l'expérience. Celui qui enferme les machines pensantes dans une pièce est considéré comme hors jeu, et n'y a rien à en dire. À titre personnel, je trouve horrible l'idée qu'on va enfermer des ordinateurs intelligents pour leur poser des questions, de même que je trouve horrible le sort infligé à Alan Turing. C'est un des ressorts du film *Blade Runner* (tiré du livre *Do Androids Dream of Electric Sheep ?,* de Philip K. Dick), où Harrison Ford pose des questions à la répliquante, au point que c'est son humanité à lui qui vacille. Dans ce film, le test de Turing porte le nom de test de Voigt-Kempf, et Harrison Ford pose des questions *très très* personnelles à la répliquante.

Je ne comprends pas comment on peut imaginer (pour Turing), et répéter (pour d'autres) une vision aussi policière de la recherche scientifique : enfermons les gens et passons-les à la question. C'est ce qui est proposé, sans état d'âme, par Turing (comme par la police). Combien de chercheurs glosent sur le test de Turing sans suggérer la seule réponse valable de la part d'un humain digne de ce nom : « laissez-moi sortir » (en anglais : *fuck off*), qui est en gros la réponse de la répliquante dans *Blade Runner*, après quelques questions tendancieuses.

Le test de Turing est une farce. Que prouve-t-il ? Il prouve qu'il y a plus d'humain dans l'homme et la femme, dans l'homme et dans la future machine intelligente (?), que dans celui qui pose les questions, car celui qui pense arriver à une conclusion définitive en posant pareilles questions est un bourreau, est donc moins humain que son cobaye. Turing, avec son test, fait la brillante démonstration de la supériorité de l'homme-victime sur l'homme-bourreau, rien de plus. Et, avec infiniment de subtilité, il instille les attributs les plus humains : fantaisie, perversion, double jeu, apories, dans la matière même de l'informatique, supposée formelle et logique. Car qui a lu l'article de Turing est stupéfait par le ton et la manière de ce texte. Baroque est un mot faible. Turing passe de la recherche du sexe à des arguments scientifiques des plus fantaisistes : il examine des arguments théologiques, discutant « sans rire » le caractère hérétique d'un ordinateur. Il présente par ailleurs avec sérieux les arguments de la télépathie et de la télékinèse, expliquant qu'il conviendrait de mettre la machine dans une pièce résistant aux transmissions télépathiques. Et tout ceci passe dans le gosier des informaticiens sans qu'on s'étonne. Pour une bonne part, l'article de Turing est une farce dont aucun ordinateur ne sera jamais capable. En ce sens l'article est auto-référentiel. Il quitte les chemins de la science pour explorer ceux de la fantaisie la plus débridée, balayant du revers de la manche les arguments les plus sensés, pour donner du poids, à sa convenance, aux arguments qui lui plaisent, l'amusent, avec un souci logique à la fois approximatif et faussement rigoureux. La preuve qu'un ordinateur ne pensera jamais comme un homme, c'est l'article écrit par un homme, sur la possibilité que les ordinateurs pensent comme des hommes. C'est du Perec, au risque d'un anachronisme.

Mais notre inversion des dates peut nous entraîner sur une pente périlleuse. Si Alan Turing a bien imaginé son test *avant* son interrogatoire de police, alors, quoi ? Que reste-t-il de la déduction ci-dessus ? Et si ce n'était pas une farce ? Alors, c'est très effrayant. Cela signifie qu'une force mystérieuse s'est retournée contre lui. Après qu'il eut produit ce test, un enchaînement d'événements s'est abattu sur lui pour lui en faire subir les conséquences, au plus près de son propre scénario. Quelle étrangeté ! Ne sommes-nous pas dans le domaine de la prophétie autogénératrice ? On sait que certaines prophéties se produisent, non pas parce que le monde suit des prophéties, mais parce que, à force de se répéter une prophétie, on finit par la faire arriver (untel lit dans son horoscope qu'il va avoir un accident de voiture, il y croit tellement que ça l'angoisse, et paf !, il va donner dans un platane tant il est stressé). S'il n'y a que cela, une prophétie autogénératrice, la science est sauve et nous pouvons dire avec Jean Giono : « le destin est le désir secret de celui qui croit subir ».

Des marguerites et des canons

On remarquera que l'ordinateur est associé presque consubstantiellement aux activités militaires, à travers deux domaines qui n'ont connu que des progrès depuis cette époque : la bombe atomique et la cryptographie. Les premières machines ENIAC et BOMBE, l'une américaine, l'autre polono-anglaise, avaient pour rôle, l'une de résoudre des équations pour le calcul de la bombe atomique, l'autre d'accélérer le décryptage du code cryptographique nazi ENIGMA. On notera, depuis, bien d'autres applications. L'intérêt des militaires pour l'ordinateur n'a évidemment rien de singulier, toute invention humaine peut, en pratique, servir à la guerre. Ce qui est singulier, avec l'ordinateur, c'est qu'on peut faire remonter sa réalisation *effective* à des problèmes militaires. Dans ces deux domaines (bombe atomique, cryptographie), de grands esprits, associés à de nouvelles machines puissantes faisant des études systématiques de cas ou résolvant des équations numériques quasiment insolubles autrement, contribuèrent à la fin de la guerre (avec des regrets pour nombre de savants atomistes).

Ce qu'on sait moins, c'est que les préoccupations premières d'Alan Turing n'étaient pas de nature militaire, cryptographique ou même mathématique. Ni ses préoccu-

Figure 1. Rosette de Marguerite, pomme de pin.

pations premières, ni ses préoccupations *dernières*. Le problème qui intéressait au premier chef Alan Turing, et pour lequel il a laissé un des articles mathématiques les plus cités par les scientifiques depuis, est un problème de botanique. Alan Turing s'intéressait au plus haut point, et depuis son enfance, à la formation des pétales, des feuilles, des branches, des plantes, à la structure des marguerites, bref, à ce qu'on appelle la phyllotaxie : l'organisation en spirales emboîtées des rosettes de tournesols, pommes de pins et autres cœurs de marguerite ou d'artichaut. Si vous regardez bien un cœur de tournesol, vous verrez qu'il est constitué de petites touffes qui se suivent à la queue leu leu suivant des spirales qui tournent soit dans un sens, soit dans l'autre, et les nombres de spirales sont deux nombres consécutifs (en général) de la suite de Fibonacci, formée de la façon suivante : prenez 1 et 1 ça fait 2, prenez 2 et 1, ça fait 3, prenez 2 et 3 ça fait 5, prenez 3 et 5 ça fait 8, prenez 5 et 8, ça fait 13, et ainsi de suite. Chaque nombre est la somme des deux précédents dans la suite.

Qu'Alan Turing ait été occupé par les pommes de pin vers le début comme vers la fin de sa vie est une remarque qui vaut quelque chose à plusieurs titres. D'abord, elle montre que cet esprit génial était animé depuis son enfance par une curiosité des plus élémentaire : c'est quoi, au juste, une fleur. Des questions aussi simples sont réputées contenir des problèmes (de biologie, de physique, de mathématique, etc.) très intéressants. En second lieu, son esprit a été détourné pendant la plus grande partie de sa carrière vers le militaire et les mathématiques. Ce qui montre d'abord que l'un n'empêche pas l'autre ni intellectuellement ni même matériellement (on peut faire du militaire tout en s'intéressant aux fleurs ; la mathématique de toute façon est la même), mais que, dans le fond, les fleurs avaient sa préférence. Aujourd'hui encore les cas sont légion de chercheurs intéressés par des belles questions de botanique ou de physique à la limite de la poésie ou de l'art, et qui émargent à des contrats ou des laboratoires militaires. Ne cherchez pas bien loin.

Mais parmi toutes les remarques troublantes que la vie d'Alan Turing peut inspirer, il en est une plus abyssale que les autres. Il se trouve que le premier problème de mathématique traité par un ordinateur de façon systématique, juste après la bombe atomique et la cryptographie militaire, c'est, précisément, le problème de l'organisation des plantes. Au cours des années 1950-1954, Turing consacra tous ses efforts, et tout le temps de machine possible, à résoudre des équations de réaction-diffusion censées modéliser la croissance des plantes. Il essayait de faire des fleurs, avec ce qui, d'une certaine façon, était à l'époque plutôt une arme : l'ordinateur. Il y a quelque chose, dans cette anecdote, d'un personnage de Boris Vian, le Colin de *L'Écume des jours*, qui doit s'allonger sur des fusils pour les faire croître. Il est obligé de faire ce travail pour gagner de l'argent, pour pouvoir soigner sa fiancée, Chloé, qui se meurt d'un cancer – elle a « un nénuphar rouge dans la poitrine ». Or, dans le livre de Boris Vian, le personnage allongé sur les graines de fusils fait pousser des roses au bout des canons des fusils, et il est évidemment licencié. L'histoire d'Alan Turing a quelque chose de cela sauf, bien entendu, qu'il s'agit d'un destin bien réel (encore que, pour Boris Vian, l'histoire est entièrement vraie, puisque inventée). On pourrait presque penser que, métaphoriquement, Alan Turing avait un nénuphar dans la poitrine, qui lui pesait beaucoup, et qu'il l'avait un peu soigné pendant son activité militaire : couché sur un ordinateur, il rendait des services aux militaires. Et puis voilà : des fleurs ont poussé dans son ordinateur, et le nénuphar l'a tué.

À toutes ces anecdotes plus dramatiques et livresques les unes que les autres s'ajoute ainsi le fait qu'Alan Turing travaillait sur la phyllotaxie au moment de son suicide, et qu'il est mort sans avoir pu reproduire exactement l'organisation des plantes. Encore que ses archives n'étant pas complètement dépouillées, on découvrira peut-être qu'il y était parvenu, cinquante ans avant tous nos contemporains qui s'acharnent sur cette question.

Pourquoi le léopard a-t-il des taches ?

De son vivant, Alan Turing est l'auteur d'un unique article de biologie théorique, paru en 1952, mais il est magistral. Il présente un nouveau modèle de formation de structures par « réaction-diffusion » connu simplement sous le nom de « modèle de Turing ». Le titre de cet article est « Base chimique de la morphogenèse ». Son dernier texte, posthume, s'intitule, lui : « Description succincte de la croissance des marguerites ». Comment Alan Turing espérait-il expliquer la formation des plantes ? Son premier souci était d'expliquer l'apparition de quelque chose à partir de rien, c'est-à-dire l'apparition de choses non uniformes comme des creux et des bosses, des taches blanches ou noires, non pas à partir de strictement rien, mais à partir d'un milieu uniforme : une mer d'huile, un monochrome. C'est une question profonde, qui concerne de nombreux domaines. Par exemple : l'œuf de poule paraît à peu près homogène quand on le mange dans le coquetier, or il peut produire un poussin en quelques semaines (s'il est fécondé et couvé, ce qui n'est évidemment pas le cas de l'œuf dans votre réfrigérateur). Ce problème d'embryologie est fort complexe, il va sans dire. Quelle est la nature même de cette complexité ?

On peut attaquer ou réduire la difficulté en commençant par l'organisation des rosettes au centre des fleurs, voilà qui est sans doute plus simple qu'un bébé entier. Mais parmi ces structures botaniques, les plus simples se résument à la succession droite gauche des feuilles de certaines plantes. De fil en aiguille la question se réduit à : comment faire apparaître des petits domaines, bosses, pointes, bourgeons dans un milieu « plat » ? On verra plus tard comment faire des oreilles ou des museaux, des ailes de papillon ou des râbles de lapin.

L'idée de départ de Turing était que tout cela venait de la chimie, mais une chimie subtile, dont il est l'inventeur. Comme nous allons le voir, il s'agit d'une chimie de *compétition*. Lui-même appelait sa théorie de l'embryologie chimique. Pour fabriquer un embryon, expose-t-il, il faut que des concentrations en espèces chimiques s'organisent toutes seules pour produire un embryon : un peu plus de ceci par ici, un peu plus de cela par là, et ça finira par faire des choses inhomogènes, peut-être un doigt ou un pied. Mais il faut que cette inhomogénéité vienne d'elle-même « à partir de rien », pour ainsi dire, de l'intérieur du système. Pour commencer, soyons un peu moins ambitieux. Peut-on faire de la chimie qui produise de simples taches, ou quelques zébrures, des peaux de girafe ou de zébu, à partir de rien ?

À partir de strictement rien, non. Pas possible. Mais la réponse est : à partir de très, très peu, c'est possible. Certains systèmes sont instables, en sorte qu'ils accroissent les petites irrégularités locales, au point qu'à la fin, en lieu et place de l'uniformité, on a quelque chose de plus compliqué, de plus divers, en un mot : il se passe des choses intéressantes, qui se révèlent d'elles-mêmes à partir d'un milieu presque complètement uni, dont les inhomogénéités ou grumeaux sont, au départ, imperceptibles à l'œil nu. Je précise ici que les chercheurs contemporains croient souvent que l'exemple des taches de léopard et des peaux de girafe, ou l'exemple des marguerites, est venu bien après, que ce sont des inventions, des applications, postérieures au modèle de Turing proprement dit. Il n'en est rien : Alan Turing a exposé explicitement l'application de ses modèles à des taches de léopard ou de girafe, et à la rosette des marguerites. Ainsi, ce qui intéressait Turing, c'était de produire des petits domaines, des petites taches de concentration, taches de léopard, ou zones de formation d'ébauches de feuilles, grains de beauté ou racines de poils, cartilages des doigts ou distribution des pores de la peau. Aujourd'hui, les théoriciens ont appliqué les idées de Turing à la plupart des systèmes où apparaissent des structures à peu près régulières : points, lignes, bandes zébrées ou en zigzag, carrés ou hexagones. On aurait envie de dire « bien au-delà, sans doute, de ce qu'il avait imaginé », mais l'honnêteté oblige à dire « non, pas tellement au-delà de ce qu'il avait proposé ». Dans le modèle et les idées de Turing, il y avait déjà tout ce qu'on voit aujourd'hui, ou peu s'en faut, et lorsqu'on songe au caractère primitif de son ordinateur, en comparaison des nôtres, on se dit que l'essentiel était dans la puissance de son esprit, et peu de chose dans la machine.

Mais expliquons comment marche le mécanisme de Turing. C'est une affaire de compétition, nous l'avons évoqué plus haut. Il y a deux équipes qui ne jouent pas le même jeu, mettons, les Bleus et les Rouges. Les Bleus tapent sur la tête des Rouges, pour les écraser. Les Rouges, eux, sont moins sévères : ils ne font pas grand-chose, sauf se reproduire entre eux, et, parfois, devenir Bleus. Le nombre naturel de Rouges tend donc à s'accroître. Là où les Rouges s'accroissent, les Bleus s'accroissent aussi, en principe. Mais les Bleus ont une particularité, ils se dispersent plus vite que les Rouges. Il y a donc une tendance générale à l'augmentation des Rouges, s'ils étaient tout seuls, et une tendance générale à la dilution des Bleus, s'ils étaient tout seuls. Mais voilà : les Bleus *ne sont pas* tout seuls, et les Rouges non plus. On met les deux ensemble, et les Bleus s'en prennent aux Rouges. Supposons qu'on parte d'une situation initiale où il y a *et* des Bleus *et* des Rouges partout (disons, c'est à peu près uniformément marron), est-ce que ça va rester comme ça éternellement ? Est-ce que ça va devenir tout Rouge, ou tout Bleu, ou bien obtiendra-t-on un mélange de Rouge et de Bleu ? Eh bien la réponse est : ça dépend. Ça dépend de la vitesse à laquelle le Rouge et le Bleu se dispersent, une fois qu'ils sont produits. Supposons que le Rouge se disperse peu : là où il s'en produit, il s'en produit de plus en plus (effet de croissance exponentielle, comme pour une population), et ça a toutes les chances d'augmenter beaucoup. Comme le Rouge augmente beaucoup, il produit de plus en plus de Bleu, mais comme le Bleu se disperse, il a du mal à freiner sur place l'augmentation du Rouge, qui a pris trop d'avance. Mais le Bleu se disperse vite autour du Rouge, qui, lui, ne se disperse pas très vite. Résultat : il n'y a pas assez de Bleu localement pour écraser le Rouge, mais un peu plus loin, il y a moins de Rouge et encore assez de Bleu : là, le Bleu est assez fort pour écraser le Rouge. Par conséquent, si une tache de rouge se forme quelque part, elle sera entourée, non loin de là, par une zone de Bleu. On peut répéter le raisonnement sur une distribution de taches de Rouge, et montrer ainsi qu'on peut obtenir un ensemble de taches de Rouge, cernées par du Bleu. Compte tenu de sa faible dispersion, le Rouge reste, en un certain point, assez fort, mais autour de lui ses défenses sont trop faibles et il laisse le Bleu l'emporter. C'est un peu le principe du château fort : les villageois concentrent leurs forces en un point, imprenable, et laissent les brigands s'emparer des forêts autour. Mais comme les brigands n'ont pas de chef et qu'ils se promènent partout en bande désorganisée, il n'y en a jamais assez pour conquérir tous les châteaux forts. Résultat : il y a une distribution de châteaux forts robustes, baignant dans un océan de zones peu sûres. Même si certains villageois deviennent brigands, le nombre de villageois augmente près du château, qui reste imprenable, tandis que les brigands détroussent et font fuir tous les villageois égarés dans la forêt.

En termes scientifiques, on appelle les habitants du château les activateurs (ils s'activent eux-mêmes pour être plus nombreux, et de temps en temps ils deviennent brigands), et les brigands les inhibiteurs (ils font ce qu'ils peuvent pour tout détruire, empêcher l'érection de nouveaux châteaux). Suivant les valeurs des conditions initiales, et suivant la taille du système, on peut n'avoir que des villageois, que des brigands ou bien un mélange ordonné de brigands et de villageois.

Bon, j'avoue qu'il n'est pas facile de décrire de façon un peu originale le modèle de Turing : tout a été dit. Les requins et les crevettes, les moutons et le raigras, les noirs et les

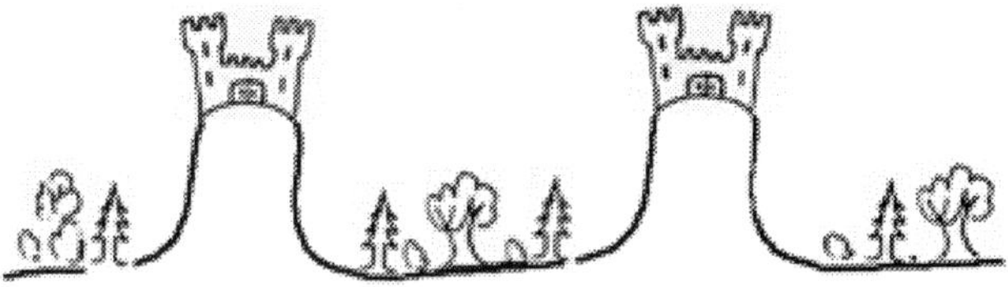

Figure 2. Schéma de l'instabilité de Turing. Les villageaois ne quittent pas trop le voisinage du château. Les villageois peuvent devenir brigands. Les brigands tuent tout ce qui bouge. Dans la forêt, ils sont assez nombreux pour prendre le dessus sur les villageois. Au château, les brigands sont peu nombreux. À tout moment, on a des distributions de châteaux, régulièrement espacés dans un paysage de forêts occupées par des brigands. La ligne de base correspond à la densité de villageois paisibles.

blancs, la gauche et la droite, le virus et l'antibiotique, les bons et les méchants, le renard et le corbeau, tout a été ou sera utilisé comme métaphore pour décrire la formation de taches par le modèle de Turing, qu'on appelle aussi modèle activateur-inhibiteur. Dans un article de vulgarisation très complet, James Murray, un mathématicien anglais, choisit l'exemple des feux de forêts et des pompiers.

Ce modèle est relativement simple, et il donne des distributions de taches de léopard ou de girafe « très raisonnables[1] », suivant le mot de Turing à un de ses collègues, dans une lettre. Si l'on effectue une simulation numérique sur un pays carré, on obtient des taches qui occupent régulièrement l'espace, comme un damier. Si on effectue la simulation sur un domaine en forme de peau d'animal, on obtient des taches évoquant les zèbres, les girafes, les léopards, et ainsi de suite.

Pour expliquer la variété des taches des animaux, on pourra considérer des variétés de forme de peau, ou bien des variétés de date d'apparition des taches. En effet, ce qui caractérise, au final, la forme des taches, est une longueur ou une épaisseur caractéristique. C'est la taille d'un

1. « By assuming that this is black when Z > Z0 and that this is yellow when Z < Z0 you get very reasonable leopard skins. Certain slight variation of assumptions gives you girafes, zebras, cows », 17 avril 1952 (Turing fut arrêté en mars 1952).

Figure 3. Modèle de Turing sur une peau de zèbre, dans la région de l'épaule. On remarquera le raccord des lignes, dit, justement, en épaule de zèbre (ou motif scapulaire)

domaine de couleur unie : un ocelle, une tache de girafe, la largeur d'une zébrure. Mais comment expliquer alors que certains animaux n'ont pas de taches, mais sont plutôt à moitié noirs et à moitié blancs ? Murray a beaucoup étudié ces questions, et pense expliquer les variétés de taches d'animaux par un modèle de Turing ayant lieu à un âge, ou un autre, de la gestation de l'animal. Suivant que le mécanisme de Turing se met en place quand l'animal (le fœtus) est très grand, *in utero*, ou bien très petit, on pourra rentrer beaucoup de taches dans la surface de la peau, ou bien seulement une demi-tache, et alors l'animal sera à moitié noir et à moitié blanc. Un autre exemple est celui de la queue des léopards. Selon Murray, le modèle de Turing explique parfaitement la variation du dessin sur la queue des félins. On observe sur une vraie queue de léopard que le haut de la queue voit des taches, comme sur le corps de l'animal, que le dessin sur le milieu de la queue est formé plutôt d'anneaux, et qu'au bout, certes plus petit et pointu, la queue est en général de couleur unie. Cette succession de motifs s'explique très aisément si l'on introduit un modèle de Turing formant des motifs *sur un cône*. Tout au bout de la queue, celle-ci est si petite qu'elle est nécessairement tout unie. Tout près du corps, la queue est assez large pour que plusieurs taches apparaissent.

Entre ces deux extrémités, l'uni se décompose en taches, en formant d'abord des anneaux. Tout cela est très

Figure 4. Modèle de Turing appliqué à un cône, montrant la succession des motifs : taches, puis bandes, puis couleur unie.

séduisant, bien que, à ma connaissance, il n'y ait aucune preuve formelle d'un tel mécanisme dans les animaux. Sans attendre la confirmation des biologistes, on peut dire que le modèle fait qualitativement une prédiction juste : un animal qui a des taches sur le corps peut avoir des zébrures sur la queue, alors que l'inverse n'est pas vrai. Si l'animal est zébré, la queue sera zébrée ou unie, mais elle ne peut pas présenter des taches.

Le mécanisme de Turing a été étendu aux coquillages, et le lecteur intéressé trouvera de merveilleuses simulations dans un beau livre d'*art scientifique*, si l'on ose dire : *The Algorithmic Beauty of Sea Shells* de Hans Meinhardt. Ce livre explique comment former des motifs de conques ou d'escargots de mer à l'aide de couples chimiques du type « réaction-diffusion » (figure 5, page suivante).

Les limites du modèle de Turing

Il ne fait pas de doute que ce mécanisme est extrêmement intéressant, et qu'il a engendré en physique et mathématique un corps de travaux absolument passionnant et novateur (un peu moins aujourd'hui, évidemment). D'autant plus que la mathématique en question est souvent fort simple, et qu'avec peu d'espèces chimiques, finalement, on produit une grande variété de motifs.

Cependant, le mécanisme de Turing, en tant que tel, déçoit. Une analyse critique oblige à dire un certain nombre de choses. Tout d'abord, le modèle de Turing se présente comme une structuration en motifs, sur un substrat préétabli. C'est-à-dire qu'on peut, dans le jeu des villageois et des brigands (transmuté en équations mathématiques), déduire qu'il y aura ici un château, là une forêt peu sûre. Le problème est de savoir : qui construit le château ?

Figure 5. Exemple de coquillage obtenu par un mécanisme de réaction-diffusion, et le coquillage réel correspondant, dans l'hypothèse où ce mécanisme est le mécanisme derrière le motif du coquillage.

La peur du brigand n'est pas thaumaturge en elle-même. En termes plus biologiques, si l'on peut prédire par une compétition entre produits chimiques émis par les cellules qu'il y aura ici une tache de molécules C1 et là un océan de molécules C2, comment en déduire que là où il y a C1 apparaîtra une dent, un poil ou bien une plume ? Est-ce que la construction de cette entité : une dent, un poil ou une plume, n'est pas finalement plus importante que la production d'une tache de C1 ? Doit-on admettre une différence de nature entre ce qui cause la distribution des lieux où il va se passer quelque chose, et le fait qu'il s'y passe quelque chose ?

Ainsi, si l'on peut énoncer que le long de la tige de la marguerite il y aura des taches de molécules C1 distribuées comme le sont les feuilles de la marguerite, on est encore très loin d'un modèle de formation de feuilles en ces endroits. Le modèle de Turing, pour dire les choses simplement, n'est pas un modèle de croissance, c'est un modèle de séparation d'un milieu uniforme en plusieurs sous-entités individualisées par des cartes de concentrations chimiques. Mais le propre des formes biologiques n'est-il pas d'être des formes de croissance ? Le modèle de Turing paraît extrêmement mal adapté à décrire la tendance de cellules à s'attacher ensemble pour former quoi que ce soit de ressemblant à un tissu biologique, pour décrire leur multiplication et la façon dont chacune d'entre elles retrouve une place dans le tissu en cours de croissance. On peut se contenter d'admettre que le modèle de Turing opère à une autre échelle, et que certains relais fonctionneront pour mettre en œuvre des édifices en face des taches, mais n'est-ce pas déjà affaiblir considérablement le modèle ?

Un exemple va porter un coup assez fort au modèle de Turing, c'est celui des vaisseaux sanguins. Les vaisseaux sanguins forment des arbres qui remplissent la chair, de façon à apporter un peu partout de l'oxygène, et tout ce qui est nécessaire au fonctionnement des tissus (et à retirer les déchets). Cela est clair depuis toujours. Il n'y a évidemment presque rien de commun entre une tache de léopard et un arbre vasculaire. Mais, puisque dans les années 70 les mathématiques à la Turing étaient bien au point, on a cherché à les appliquer à la croissance des vaisseaux. Comment s'y prendre ? Puisque les taches sont des domaines d'activation peu inhibés, des places fortes, si l'on veut, il faut faire en sorte que la place forte se déploie en arbre. Pour ce faire, il faut imaginer une tendance des places fortes à s'étendre dans certaines directions, qui provoque un allongement, puis un branchement des murs d'enceinte. Il faut, en quelque sorte, transformer le château fort de notre enfance en quelque chose ressemblant à la muraille de Chine, avec parfois des murs qui branchent. C'est techniquement possible. On peut bâtir un modèle de croissance « de taches de léopard », qui forme des branches. Dans ce modèle, les taches se déplacent, car elles remontent des régions d'activation préférentielles, elles remontent un champ où l'inhibition est plus faible. Au fur et à mesure qu'elles avancent, elles laissent derrière elle le dessin de branches. Dans le modèle, ce dessin est une suite de cellules qui se sont transformées de façon irréversible, pour devenir des bouts de tuyaux vasculaires, à charge pour les biologistes de trouver dans les cellules les molécules correspondant aux inhibiteurs et activateurs.

Ah mais, dit le biologiste, il y a des artères *et* des veines, comment font les artères pour se connecter aux veines, et *vice versa* ? Le mathématicien réfléchit, et propose un modèle, dans lequel les artères émettent un produit qui attire les veines, et les veines émettent un produit qui attire les artères. Les artères et les veines hument en quelque sorte quelque chose qui vient de l'autre, et partent à sa recherche en remontant la trace. Au bout du compte, les filaments d'artères explorent l'espace à la recherche des veines, et les filaments de veines explorent l'espace à la recherche des artères, jusqu'à ce qu'elles se connectent. Il faut que les produits chimiques soient différents, sinon les *veines* iraient directement vers les *veines*, et les *artères* directement vers les *artères*, ce qui serait l'inverse de l'effet souhaité. Quand la tête chercheuse d'artère rencontre la tête chercheuse de veine, elles s'assemblent, s'épousent, s'embrassent, enfin bon, ne soyons pas trop exigeants : quelque chose se produit qui les acoquine et voilà les tuyaux connectés et le sang circule. Hourrah, avec des modèles du type tache de léopard, on pourra produire des vaisseaux sanguins. La boucle est bouclée, on peut presque tout faire avec le modèle de Turing, victoire sur l'Annapurna.

Seulement, en réfléchissant bien, il y a des choses qui ne collent pas. D'abord, de façon générale, le modèle de Turing est plus compliqué que réellement simple, il suppose l'existence de molécules ayant des comportements et des propriétés très précises (non-linéarités, rapports de coefficients de diffusion très grands, etc.), qui répondront assez mal à des perturbations. Ce n'est pas le genre de chose souhaitable en biologie. L'avantage évolutif à employer un jeu de molécules de cette nature ne paraît pas clair. Mais, même sans rentrer dans ces considérations brumeuses, et en revenant aux vaisseaux, force est de constater que les vaisseaux ne sont pas des filaments : ce sont des tuyaux. Il faut donc admettre que le filament du modèle de Turing cache en fait une structure très complexe. Comme pour d'autres problèmes, on doit supposer que des choses se produisent qui donnent aux cellules une organisation en tuyau. Mais ce n'est pas tout. Le diamètre des tuyaux est variable, ce que le modèle de Turing ne prédit pas. Il faut donc invoquer un autre mécanisme, qui transforme des filaments-tuyaux fins en filaments-tuyaux de tailles variables. Enfin, les tuyaux de nos artères et veines ne croissent pas à proprement parler, nous l'avons vu au chapitre III, ce sont des tuyaux petits (capillaires) qui se transforment peu à peu en tuyaux larges, sous l'effet de l'écoulement. L'écoulement permet d'expliquer *d'un coup* deux observations (la formation des branches et leur diamètre variable), outre le fait que les artères croissent en descendant l'écoulement, tandis que les veines croissent en remontant l'écoulement. En invoquant un modèle de Turing on expliquera, à la rigueur, pourquoi les vaisseaux tendent à former des arborescences compliquées, mais pas pourquoi ces arbres ont des branches de tailles variables.

En invoquant un modèle de vasculogenèse basé sur l'écoulement, on déplace une grosse question sous le tapis, puisqu'il faut expliquer comment se forment les capillaires. Là, peut-être, le modèle de Turing pourrait resservir, sait-on jamais. Notons qu'un modèle utilisant comme ingrédient l'écoulement fait l'économie de molécules allant des artères vers les veines, et *vice versa* : c'est l'écoulement lui-même qui, en allant des artères aux veines, transporte l'information sur le paysage vasculaire. C'est bien plus rapide, simple, en un mot « robuste ».

L'une comme l'autre de ces théories sont encore loin de tout expliquer, mais une chose est sûre : une théorie basée sur l'écoulement a beaucoup plus d'avantages. On pourrait s'arrêter là, garder Turing pour les taches de léopard, et le modèle avec écoulement pour les vaisseaux sanguins, et quelques autres formes du même type. Le problème est que rien n'interdit de remonter le fil : si on a pu faire avec des champs autres que des champs de type réaction/diffusion ce qu'on croyait pouvoir faire uniquement avec eux, ne peut-on pas penser que, en retour, les taches de léopard ou de girafe pourraient être formées par autre chose que de la réaction-diffusion ?

Ainsi, puisqu'il est avéré que les forces biomécaniques jouent un rôle crucial dans la formation des vaisseaux, on est en droit de suspecter que des forces de ce genre jouent un rôle dans d'autres formes, jusqu'ici attribuées à un mécanisme de Turing. Peut-être devrions-nous ici poser la plume, et renoncer à aller plus loin, au risque de priver le lecteur du spectacle de la science en marche. Mais plutôt que de baisser ainsi les bras, on peut proposer des pistes qui confirment ce sentiment. Pour explorer ces pistes, retournons à nos mains, que nous allons maintenant radiographier.

Dans la main et les doigts, il y a de l'os, les os qui forment les phalanges (en français, le mot phalange désigne aussi bien l'os seul, que l'ensemble os + tissus autour ; on appelle phalangine la phalange du milieu des doigts, et phalangette le petit os du bout, ce qui est assez drôle s'agissant d'un mot qui prend racine dans la phalange de l'armée grecque). Ces os se forment dans une séquence assez précise. Contrairement à une idée répandue, le nombre de doigts a diminué au cours de l'évolution. Les animaux les plus anciens avaient plutôt beaucoup plus de doigts. Ainsi, les rayons des nageoires sont autant d'ancêtres de doigts, et certains animaux marins possédaient un grand nombre de ces doigts.

Le chiffre de cinq doigts est relativement récent, et un certain nombre d'animaux en ont moins en apparence, bien que de nombreuses espèces aient cinq doigts, plus ou moins bien formés. Ce qui caractérise l'évolution récente, c'est le fait que les doigts sont devenus assez différents les uns des autres. Dans les nageoires des temps anciens, les rayons, qui sont autant de pseudo-doigts, sont très semblables (voir la figure 7, p. 134). Il existe des malformations dans lesquelles les mains sont formées de doigts quasiment identiques, par exemple : j'ai trop de scrupules pour vous montrer une main humaine composée de six index, mais ça existe.

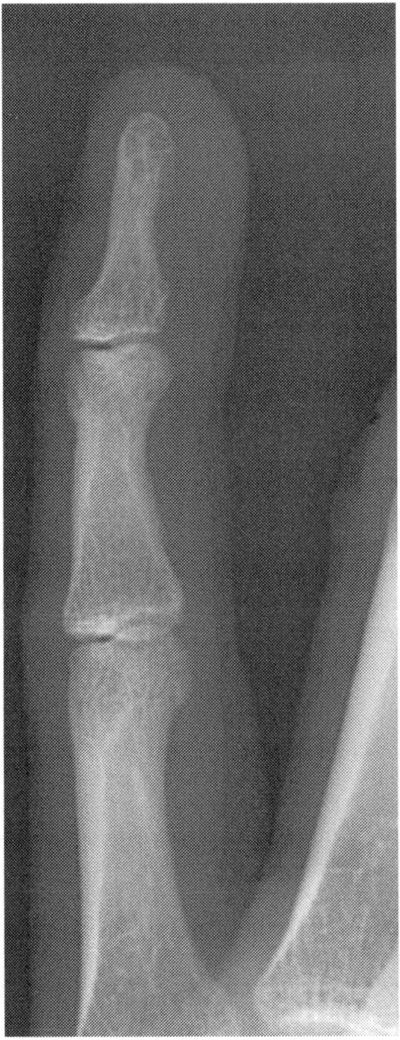

Figure 6. Radiographie d'un doigt.

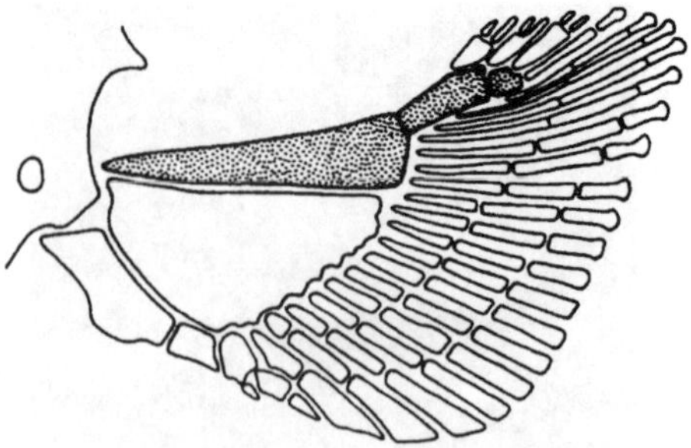

Figure 7. Squelette de requin du dévonien exhibant une nageoire ventrale comportant une vingtaine de « doigts ».

Comment se forment les os des doigts, la succession des métacarpes et des phalanges ? C'est une question encore très ouverte. Évidemment, les gènes y sont pour beaucoup, nous y reviendrons. Le modèle des doigts communément admis attribue la formation à un mécanisme de Turing ; à la formation de regroupements cartilagineux (ce qu'on appelle des « condensations ») sous l'effet d'activateurs et d'inhibiteurs. Ainsi, au fur et à mesure que la main croît, les os des doigts apparaissent comme autant de taches ou de segments d'un modèle comparable dans son principe à la formation des taches de léopard. Nos petits os sont en quelque sorte des ocelles, avant d'être des osselets, ce qui est pour le moins amusant phonétiquement.

Remarquons que le modèle de Turing est déjà pris en défaut, en ceci qu'il suppose que les doigts croissent sous une influence extérieure, en vertu de laquelle les os des doigts apparaissent comme des sous-domaines internes à chacun des doigts en formation. Il faudrait interroger le modèle pour lui demander comment croissent les doigts eux-mêmes, sinon par un modèle de Turing. (De même que le modèle de Turing construit facilement des taches de léopard sur une queue de léopard, sans nous dire comment se forme une queue.) Mais ne soyons pas trop exigeants. Les condensations cartilagineuses sont des zones, comme chacun sait, plus rigides que le reste du tissu. La cause en est simple : les cellules (chondroblastes, fibroblastes)

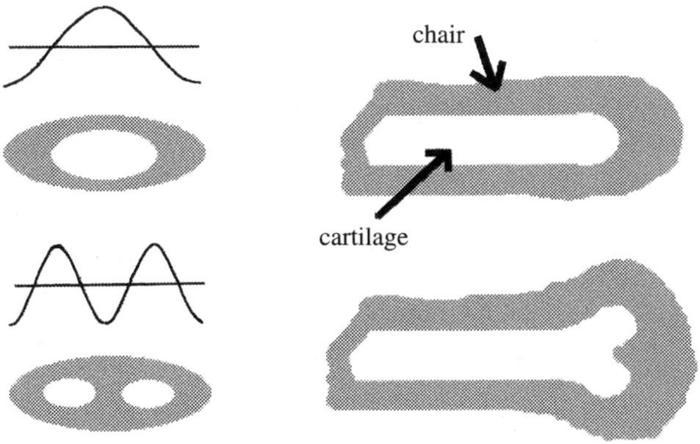

Figure 8. Image de modèle de Turing appliqué à la formation des os des doigts. Quand le bout de tissu appelé à former le bras a un certain diamètre, seul un os tient dedans (une « tache » de cartilage au sens du modèle de Turing). Quand le tissu du futur bras s'élargit, le cartilage se divise car il est possible d'y faire tenir deux « taches ».

fabriquent davantage de cette molécule, le collagène, qui donne au tissu vivant son élasticité ou qui, au contraire, lui retire de l'élasticité, au fur et à mesure que la densité de collagène augmente. L'ordre des tissus est, en fonction de la densité en collagène : tissu mou ⇒ peau ⇒ tendon ⇒ cartilage. Les cartilages qui doivent former finalement le squelette se transforment en os plus tard, par un processus appelé tout bonnement ossification. Nous n'en parlerons pas. Nous dirons cependant que le caractère plus rigide des zones cartilagineuses doit jouer un rôle dans le problème, et, en effet, les modèles de Turing utilisés pour décrire la formation des doigts invoquent comme couple activateur-inhibiteur non pas un simple couple de produits chimiques, mais la force de traction des fibroblastes, couplés à leur vitesse de prolifération. L'inhibiteur, dans ce problème, est la force mécanique de traction. L'activateur est un produit chimique supposé être produit par les cellules. Le modèle suppose que les propriétés mécaniques du tissu changent, à mesure que les fibroblastes se condensent (sorte d'effet boule de neige, sauf qu'il s'agit de boules de cartilage). Voilà déjà une entorse au modèle de Turing. Au lieu d'invoquer uniquement de la chimie, les chercheurs travaillant sur ces questions ont dû, par la force des choses, invoquer un activateur mécanique. Sur le plan formel, mathématique, il n'y a pas d'inconvénient, bien que cela affecte la nature chimique de l'embryologie d'Alan Turing. Elle devient mécano-chimique. On comprend intuitivement pourquoi le champ mécanique joue un rôle aussi important : il est partout présent, et depuis toujours. Il n'y a rien de surprenant à ce que les cellules aient développé autant d'aptitudes à sentir et utiliser les forces mécaniques que les « forces » chimiques. Pourquoi privilégier l'un plutôt que l'autre ? Il y a des cas (nous avons vu celui des vaisseaux sanguins) où il semble impensable de négliger les forces mécaniques. Dans le cas des condensations cartilagineuses des futurs doigts, il a paru tout autant impossible de négliger les forces de tractions entre cellules produisant le collagène.

Seulement, nous savons depuis les deux premiers chapitres de ce livre que les champs de fibres, comme celles que peut former le collagène, tendent à former des alignements, des tissus. Qu'en est-il dans les condensations de cartilages ? Les modèles à la Turing ne supposent aucune structure particulière du tissu vivant, à vrai dire, la texture même de la matière vivante est complètement absente de ces modèles. Or, si l'on regarde de près les condensations cartilagineuses, dans les clichés qui ont servi à produire les modèles de Turing, que voit-on ? Une structure très ordonnée des cellules formant les futurs cartilages, qui n'est absolument pas prise en compte dans le modèle de Turing (figure 9).

Une fois de plus, le modèle de Turing est pris en défaut : de même qu'il est capable de produire des branches, sans voir que ce sont des tuyaux, il est capable de produire des embryons d'os, sans voir que c'est du cartilage, que les cellules ont un ordre dû à leur tendance à s'aligner. Pareil pour les tendons et les muscles. Or, précisément, la tendance à s'aligner induit des forces de traction différentes, entre les régions où les fibres sont déposées anarchiquement, et celles où elles sont déposées de façon régulière, l'alignement induit des forces différentes entre les directions transverses et parallèles, etc. Ainsi, la structure moléculaire de ce qui forme un cartilage sera amenée à jouer un rôle dans la forme dudit cartilage (muscle, tendon...). Le modèle de Turing apparaît alors comme aveugle, ou pour le moins borgne.

On pourrait donner d'autres illustrations dans la même veine. Certains ont attribué à des modèles de Turing la for-

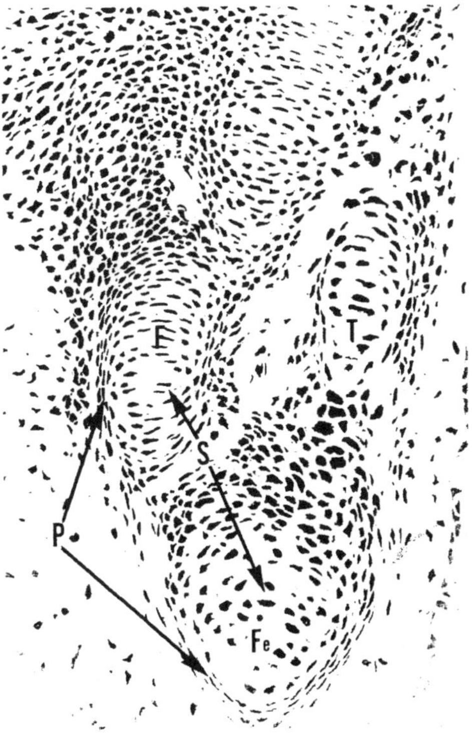

Figure 9. Image de cartilage dans une condensation, exhibant un ordre certain des cellules. En fait, les « taches » invoquées par le modèle ont déjà une structure, laquelle est complètement absente du modèle de Turing.

mation régulière de plumes sur les oiseaux, ou même la distribution de poils sur le corps. On peut assez facilement faire des observations qui jettent un doute sur le modèle de Turing. Par exemple, les tissus des racines des poils ou des plumes sont très organisés. Il y a de petites boules (folicules pileux), entourées de muscles circulaires (ceux qui provoquent la chair de poule) dont on ne saurait expliquer la formation par un modèle de Turing. Or ces structures sont bien là. À moins de supposer qu'il y a d'un côté un mécanisme de Turing qui définit les emplacements des entités (poil, plume, etc.) et de l'autre une cascade d'événements presque sans rapport qui définit la nature des entités, on ne voit pas comment sauver le modèle de Turing. Une alternative bien plus logique et séduisante est que la nature même de la chose (poil avec follicule, plume, etc.) joue un rôle dans le fait que ces entités forment des distributions régulières (ou pas). Chacun connaît la chair de poule ou de canard qui, sur l'étal du boucher-charcutier, présente une distribution très régulière. On sait bien que ces poils et ces plumes sont liés, dans l'embryon, à des regroupements (condensations) de fibroblastes dotés d'une organisation tendant à former des alignements ; si ce n'était pas le cas, il n'y aurait d'ailleurs aucun moyen de se peigner les cheveux. Cette tendance à s'aligner est déjà, en elle-même, une sorte de condensation, qui est le commencement d'un petit grain, qui finira par être un os, un follicule, une racine de plume, etc. Et il y a fort à parier que les interactions entre ces « grains » suffiront à former des édifices réguliers. Au bout du compte, on trouvera peut-être une analogie mathématique entre problèmes, en sorte que le formalisme (les équations) des processus se ressemblera, mais par le truchement d'une prise en compte de la structure réelle d'un tissu vivant qui, répétons-le, est complètement absente des modèles de Turing.

C'est à dessein que j'ai employé le mot grain pour un petit germe de fibroblastes devant donner finalement un os ou une plume. Il existe, en effet, quantité de systèmes physiques, et de modèles associés, qui décrivent la formation de structures régulières, très semblables à des peaux de girafe ou à des distributions de plumes, qui sont basées sur la croissance et la rencontre de petits grains. Par exemple, les grains de métaux, dans un alliage. On peut penser aussi à des bulles de savon qui croissent et entrent en collision les unes avec les autres. Sur ces systèmes, on a pu écrire les modèles les plus simples de formation de distributions régulières de structures : lignes, pavages, polygones. Tout ou presque y est linéaire, et il n'y aucun recours à des ajustement complexes de variables activateur/inhibiteur. Ces modèles se ramènent à des questions d'équilibres de frontières. Par exemple : quand des grains, comme des grains métalliques, croissent par solidification, ils finissent par se rencontrer, et leur contact engendre des sortes de murs qui forment des lignes régulières, comme les peaux de girafe. On obtient des choses du même genre en serrant des petits pois dans une boîte de conserve, et cette expérience a été faite il y a fort longtemps. Chacun a pu rencontrer ce type de situation : cigarettes ou sardines très serrées, billes de polystyrène formant des blocs compacts. Tous ces systèmes dans lesquels on force des entités à remplir l'espace en se serrant engendrent des dessins polygonaux ou polyédriques très réguliers. Quand les parois ont la faculté de glisser (comme dans les bulles de savon), les dessins deviennent plus réguliers. Ce type de forme a été extrêmement étudié dans le contexte des formes de parois obtenues lorsqu'on coince du savon entre deux plaques, expérience que vous pouvez faire dans votre bain, avec des couvercles de CD, par exemple.

Un exemple plus proche des sujets qui m'intéressent concernent la distribution des vaisseaux sanguins, qui est aléatoire au début, mais qui devient très régulière passé un certain temps. Tout montre que les vaisseaux se déplacent, s'ajustent, comme des tuyaux d'arrosage poussés en bloc. La répulsion de tous les tuyaux entre eux entraîne la formation d'arborescences très régulières, à partir d'arborescences irrégulières, sans qu'il soit besoin d'invoquer des mécanismes de Turing. Supposons qu'au lieu d'un vaisseau sanguin déplacé en bloc on parle d'une automobile : dans les vrais tissus, on voit souvent les automobiles rouler de gauche à droite. Or, dans le modèle de Turing, si on voit une automobile à gauche, à un instant donné, et une automobile à droite à l'instant d'après, c'est que celle de gauche a fondu, s'est dissoute, et qu'une autre s'est reconstruite à droite…

Trop de modèles ?

Alternative simple aux modèles de Turing pour les formes de dessins de peaux d'animaux, on peut illustrer la logique des mécanismes de poussée entre objets (grains, tubes, plumes, écailles, etc.) à l'aide de la tortue. Beaucoup de tortues ont une carapace bien dessinée, comportant des écussons cornés (et non des écailles, qui désignent plutôt la partie osseuse en dessous). L'écusson est la chose cornée qui se détache quand la bête est morte, ça ressemble à de l'ongle. Ces motifs cornés bien connus de tous ont des distributions géométriques qui rappellent les taches des girafes (il y a d'ailleurs des tortues appelées « léopard », en raison des motifs sur leur carapace).

Qui peut penser que les écussons de la tortue se forment par un mécanisme de réaction-diffusion ? Il est clair que l'orientation de la cornée joue un rôle dans la forme de ces écussons, et dans leur rencontre le long de lignes définies. Affirmer que ces écussons se forment par réaction-diffusion paraît une position très fragile. Par analogie, nous pouvons citer les ongles, ou plutôt les griffes des chats et autres félins[1], qui sont des entités de la même famille que les écussons de la tortue, et dont il est bien certain qu'ils ne se forment pas par des mécanismes de réaction-diffusion. Ainsi, l'enchaînement logique, le cousinage, griffe ⇒ carapace de tortue ⇒ formes de type girafe, laisse entrevoir que le modèle de Turing ne s'applique peut-être pas aux peaux d'animaux.

1. L'ongle de la main est une chose cornée qui pousse à partir des tissus mous. Les griffes des félins sont une véritable extension de l'os des doigts de la patte, dont la partie cornée pousse sur l'os, un peu comme l'écusson de la tortue sur l'os de la carapace. L'amputation de la griffe des félins est une véritable amputation d'un membre, à la différence de la chute d'un ongle chez les humains.

Revenons aux formes complexes comme les rosettes des fleurs. D'un côté, nous avons des modèles du type « chipsification », qui expliquent les plis par les propriétés mécaniques des tissus. De l'autre, nous avons des modèles sans croissance, qui expliquent la formation de taches sur une forme préétablie. Enfin, nous avons des modèles de cristallisation, qui expliquent la croissance d'une structure arborescente. Pour couronner le tout, nous avons insisté sur les propriétés du matériau vivant, fibré. Alors avons-nous un trop-plein d'explications, une pléthore de modèles ? Quand pourra-t-on dire : ça y est, on a tout compris ! Alors que nous n'avons même pas commencé à évoquer les gènes !

Nous avons probablement *tous* les modèles. Les bons modèles. Le travail des prochaines années consistera à ranger chaque forme connue dans la bonne case. Ce travail prendra lui-même beaucoup de temps et d'énergie. Un ensemble de faits, qui contribuent à la beauté et à la complexité du monde, rend cette tâche compliquée. Ainsi, nous observons que des modèles très différents donnent, finalement, des formes assez semblables. Cela est dû à des propriétés très profondes de la nature et du monde qui nous entoure. Ce n'est pas par hasard que des taches de Turing ou des petits pois entassés dans une boîte se raccordent avec des alignements rectilignes. C'est une conséquence de la symétrie du problème, qui est elle-même une conséquence de la symétrie du monde, des lois de conservation de la matière et de l'espace.

Nous observons également qu'un phénomène particulier, mettons la formation d'une chips, va exploiter les propriétés mécaniques du tissu vivant (la présence de fibres, par exemple) pour produire une chips qui a une orientation particulière. Ainsi, lorsqu'on regarde le pétale d'iris, il est courbé dans plusieurs directions par les lois de la mécanique, mais, dans le même temps, l'orientation choisie est la même que celle des fibres des nervures. On est là en présence d'une brisure de symétrie, qui exploite une propriété du matériau. Ainsi, tout est lié, potentiellement. Des champs de fibres orientent un peu l'organisation des plis, qui du coup se développent dans certaines directions, qui renforcent ou redistribuent le champ de fibres, etc., c'est « je te tiens tu me tiens par la barbichette ».

La croissance elle-même amplifie les plis ou les taches élémentaires, en sorte que la forme finale (de croissance) d'un objet doté d'une certaine texture, dans des milieux ayant tendance à former des grains, peut donner à peu près n'importe quoi. Enfin, pas tout à fait n'importe quoi : l'espace des formes belles et variées qui nous entourent.

Yves Couder et Stéphane Douady, de l'École normale supérieure, ont beaucoup contribué, dernièrement, au problème que se posait Turing, celui des spirales de Fibonacci dans les plantes, exemple merveilleux de brisure de symétrie. Dans ce cas, chaque nouveau floret au centre de la rosette essaie d'occuper le maximum de place et, en quelque sorte, repousse ses congénères. Suivant la vitesse d'introduction de nouveaux florets, la forme de croissance exhibera une alternance gauche/droite (si le premier part à gauche, le second essaie d'éviter au maximum le premier, donc il part en sens opposé), et la plante aura une feuille ou un pétale alternativement à gauche et à droite.

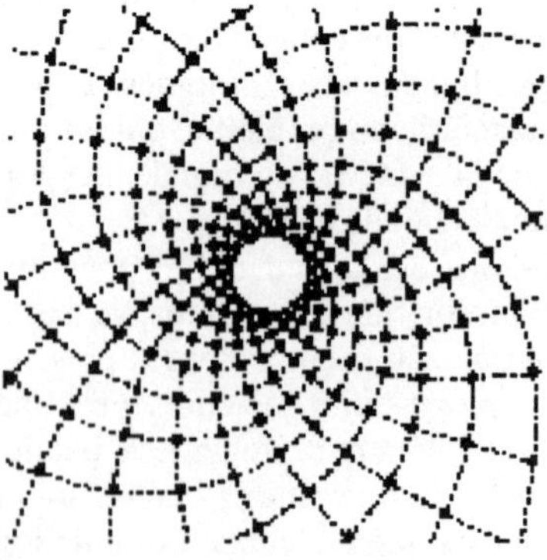

Figure 10. Modèle de Couder et Douady pour la phyllotaxie. On introduit des petites entités au centre d'une rosette. Si on les introduit lentement, elles tendent à se placer de façon diamétralement opposée. Si on les introduit vite, elles tendent à se positionner sur des spirales de Fibonacci contrarotatives (qu'on appelle parastiches).

Si on introduit les florets plus vite, il y a un encombrement de plus en plus grand de l'espace, qui s'organise spontanément en spirales de Fibonacci tournant en sens opposés, souvent huit dans un sens, et cinq dans l'autre pour les petites pommes de pin. Davantage pour les tournesols. Turing attribuait ce phénomène à une brisure de symétrie statique sur un cylindre, un cône ou une sphère, Couder et Douady attribuent ce phénomène plutôt à la vitesse (brisure de symétrie dynamique). De nombreux auteurs attribuent les spirales de Fibonacci à une sorte de répulsion chimique entre florets, et Green les a attribué à une force réellement mécanique œuvrant partout. Là encore, il semble y avoir de nombreuses explications possibles. Si l'on en vient aux questions de fibres, qui sont rarement évoquées dans ce contexte, on notera que les spirales se croisent pratiquement à angle droit, ce qui permet une organisation biologiquement satisfaisante des fibres, comme dans le pétale d'iris ou dans la peau d'oignon. Ainsi, de même que les pétales gaufrés ont des courbures alignées sur les orientations de fibres, les rosettes ont des spirales enroulant effectivement des nappes filandreuses (cf. le cœur d'artichaut), ce dont les modèles, celui de Turing, de Green ou de Couder, n'ont pourtant aucunement besoin.

Là encore, tout va main dans la main, et comme le dit Yves Couder lui-même, les brisures de symétrie sous-jacentes sont si profondes que des champs chimiques ou physiques peuvent produire, au final, le même résultat (comme pour les vaisseaux sanguins où un couple réaction diffusion/écoulement donne des résultats semblables).

Il est bien temps de couper les fleurs et de faire un beau bouquet. La matière, et particulièrement la matière vivante, est d'une extraordinaire plasticité, à la fois assez molle, assez poreuse, assez robuste, pour s'accommoder de tous les mécanismes de croissance qu'on voudra. Ce qui détermine l'existence ou non, au jour d'aujourd'hui, de l'un ou l'autre de ces mécanismes, c'est une grande part de hasard, bien sûr, et les règles, si elles existent, de la sélection naturelle. Au cas par cas, on trouvera dans un système des branches se formant par réaction-diffusion, ou bien par pliure mécanique, ou bien par croissance dendritique, ou encore par un mélange de tous ces mécanismes. C'est également vrai d'autres formes. L'universalité des motifs implique, en outre, une variété des mécanismes de formation, pour tous les types de formes. Mais ce fait même permet toutes les convergences évolutives que la nature voudra. Il n'y a donc pas de surprise, pour un physicien, à ce que les glandes salivaires ressemblent aux glandes mammaires, à ce que les nervures des ailes de sauterelle ressemblent à des nervures de graminées, ou à ce qu'une patte de phasme fibrée par de la chitine ressemble à une brindille desséchée. Mais, s'il n'y a pas de surprise sur le plan scientifique, sur le plan de la contemplation, alors là, l'émerveillement est intact.

Chapitre VI

LA VIE ET LES FORMES

À ce point, le lecteur aura sans doute un sentiment de frustration. Il y a tant de formes dont nous n'avons rien dit ! Ce sentiment, je l'éprouve moi-même devant l'infinie variété des formes de la nature, combien plus nombreuses et plus exubérantes que ce que l'on peut expliquer. Alors, bien sûr, tout lecteur qui souhaiterait une explication particulière sur une forme qui l'a touché ou marqué – la houppe étrange d'un cacatoès, la distribution aléatoire des voiles d'une rascasse ou le branchement itératif des bois d'un cerf – sera déçu par le manque de généralité, finalement, de mes propos.

À vrai dire, le lecteur sera moins déçu s'il transforme sa frustration en exercice de pensée. J'ai écrit au début de ce livre que nous touchions au but, que nous allions enfin comprendre toutes les formes. Mais le domaine des formes relève d'une science différente de la physique des particules, par exemple. En physique des particules, la donnée ou la découverte des nombres régissant la structure des composants ultimes de la matière suffit à la compréhension du problème ; dans cet esprit, la masse d'une particule et les intensités des interactions constituent en même temps la clé, la serrure et la pièce tout entière. Dans le domaine des formes, une fois connus les nombres régissant la morphogenèse, il faut jouer le film, en quelque sorte, pour voir émerger la forme, c'est-à-dire qu'une fois qu'on connaît la clé il faut effectivement ouvrir la serrure, rentrer dans la pièce et laisser les acteurs jouer leur rôle.

Dans le domaine des formes, dès aujourd'hui, une observation rapide de nombreux systèmes révèle immédiatement le sens de la marche, le fil des idées qui permettrait de les comprendre. Les clés sont là. Par exemple : je conduis mon fils au zoo, et vois immédiatement la structure en fibres du « bois » du cerf avec des défauts du type « empreintes digitales » laissés sur le côté. Les angles des branchements des cornes tournent d'un branchement à l'autre ; la cause en est certainement l'équilibre mécanique des distributions de fibres, comme dans les poumons ou les reins. Je vais chez le fleuriste et découvre une variété d'amarante appelée crête-de-coq qui se distingue de toutes les autres fleurs : c'est une fleur en forme de cerveau, dont les plis et pétales semblent se développer en sens opposé de ceux qu'on rencontre d'habitude ; au lieu de pousser vers l'avant, elles se plient vers le côté, prenant des formes de plus en plus ressemblantes à la cervelle.

Ainsi donc, il n'y a pas que les coraux ou les noix qui aient des formes de cerveau. Les fleurs aussi, au prix peut-être d'une minime mutation, formeront des cerveaux aux fragrances enchanteresses. (C'est presque du Barbara Cartland.) Avec un peu de travail, on pourrait produire une amarante par ordinateur. (J'apprends dans le même temps qu'il y a des crêtes-de-coq plissées comme des cerveaux, j'en déduis : *quel dommage pour ce gallinacé* ; au lieu de lui plisser un cerveau bien comme il faut, l'évolution n'a pas trouvé mieux que de lui plisser la crête. Le malheureux coq traîne une matière molle et sottement plissée sur le haut de sa tête, l'évolution aurait été mieux inspirée de lui mettre quelque chose de plissé dans le crâne.)

S'agissant du vivant, il est risqué, voire impossible, de faire des généralités ; on se retrouve avec autant de « bobines de film » que de formes observables, avec des sortes de catalogues animés, car la vie a profité de tous les mécanismes possibles pour se déployer. Tout semble si varié, la surprise est dans toutes les clairières, le moindre insecte, la plus petite fougère. Il est d'autant plus difficile de faire des généralités, que la biologie enseigne l'importance de la génétique, des molécules du vivant qui sont si nombreuses, qui ont des rôles si précis, que des milliers de chercheurs se fatiguent à les débusquer. Trente mille gènes chez l'homme, pas moins (mais pas plus), il y a très peu de logique, dans la construction du vivant, toute de bricolage. Faire des généralités est mal vu, c'est plutôt un signe d'incompétence. C'est une affaire de spécialiste.

Cependant, une chose frappe dans le vivant : tout y est forme. On a ce sentiment que la vie est indissociable des formes, au point qu'on pencherait volontiers pour une sorte de synonymie entre le fait d'avoir une forme et le fait d'être vivant, synonymie tout à la fois stupéfiante et banale. On me dira : il y a de belles formes certainement inertes, donc forme et vie ne sont pas synonymes. De fait, la plupart des chercheurs ont un sentiment étrange, en regardant, par exemple, se former des rinceaux de givre ou des taches de réaction-diffusion : l'impression d'assister à quelque chose évoquant la vie. Je crois que c'est l'une des causes du succès spectaculaire des simulations numériques, dans le domaine de la recherche scientifique, particulièrement de simulations au graphisme tout plein d'art, et d'arc-en-ciel, si l'on me permet cette consonance. Y a-t-il donc une logique permettant de rattacher la vie au monde des formes ?

Les assiettes peuvent-elles se reproduire ?

La vie, c'est, au plus profond, la division cellulaire, avec transmission du « patrimoine génétique » et cette division cellulaire n'est pas spontanée, elle n'a pas lieu sans raison. Dans la plupart des cas, elle a lieu sous l'effet d'une force ou d'une contrainte extérieure : vous jouez au tennis, vos mains s'épaississent ; on coupe dans la chair, une activité de cicatrisation se développe. Ces activités cellulaires se produisent donc sous l'effet d'une insatisfaction, d'une blessure, d'un déséquilibre. Cela n'est pas vrai de toutes les situations, en apparence, puisque des cellules quasiment isolées sont capables de poursuivre leur reproduction jusqu'à épuisement de leurs réserves, sans pratiquement aucune contrainte extérieure. Oui, mais, dans ce cas, l'insatisfaction, la contrainte, viennent de *l'intérieur*.

Les formes physiques que nous avons évoquées jusqu'ici apparaissent sous l'effet d'une force, d'un écoulement, d'une contrainte, extérieurs au système lui-même, par exemple : les rigoles de sable se forment sous l'effet de l'eau, qui s'écoule sous l'effet des forces de marées, qui se produisent sous l'effet de la lune. Ce n'est pas le sable qui est la cause de la présence de la lune, évidemment. Dans les cas biologiques, la force créant la forme peut venir de l'extérieur, comme de l'intérieur. Parce que, justement, les cellules vivantes accumulent des réserves qui leur permettent, le cas échéant ou le moment venu, de se stresser de l'intérieur pour se diviser ; elles peuvent pallier, pour un temps au moins, la nature environnante. C'est en quelque sorte l'effet Münchhausen : le baron de Münchhausen, dans l'histoire, tirait sur ses lacets pour s'envoler. Les systèmes *physiques* ne volent, pour ainsi dire, que par les lois de la physique, et les forces extérieures qui les font voler ; les systèmes *vivants* sont capables de tirer eux-mêmes sur leurs lacets, pour poursuivre leur vie et, en particulier, leurs divisions cellulaires.

Si l'on admet cette distinction, on peut alors sentir la nature de la proximité entre l'inerte et le vivant, le point de vue qui englobe effectivement la vie dans une vision « en formes » du monde. Le propre des contraintes physiques est de *fragmenter* les choses. Par exemple : je tape sur un solide, il éclate en morceaux ; la boue sèche au soleil, et elle se craquelle alors en pavages assez réguliers ; si je chauffe une casserole d'eau par en dessous, elle se met à former des bouillons de taille de plus en plus petite. Si je fais croître un flocon de neige ou une dendrite à une vitesse plus grande, ses branches se divisent en branches plus fines. Cet effet est naturel ; il est bien connu de tous. On l'utilise pratiquement tous les jours quand on veut fabriquer une vinaigrette : si on tourne le mélange huile/vinaigre doucement, il produit de grosses gouttes d'huile et de vinaigre, si on agite très fort, on produit une dispersion de petites gouttes de l'un dans l'autre, ce qu'on appelle, bien sûr, la vinaigrette.

Cette notion de fragmentation sous l'effet des contraintes est universelle [1]. Elle a un substrat physique qui a été bien compris ces dernières années. Si je tire assez fort, au sens de la cristallisation, sur une branche de cristal, le bout de la branche développe une instabilité qui la fait bourgeonner et donne à la branche un arrondi plus petit, qui est plus stable, mieux équilibré. Cet équilibre est un compromis entre les forces de traction qui tirent sur la forme, et les forces d'attachement, comme les petites mains évoquées au premier chapitre de ce livre. Si je chauffe assez fort une couche de liquide, un rouleau convectif, c'est-à-dire le bouillon de liquide qui monte et descend, se brise en deux rouleaux plus petits. La cause en est le compromis entre les forces gravitationnelles, qui tendent à faire monter le liquide chaud, et la diffusion de la chaleur et la viscosité, qui tend à uniformiser le liquide. La diffusion de la chaleur et la viscosité, dans ce cas, jouent le rôle de petites mains qui tiennent les petits bouts de liquide accrochés les uns aux autres : de même que les petites mains tendent à maintenir les enfants bien attachés les uns aux autres, de même la diffusion de température tend à ce que les petits bouts de liquide adjacents aient à peu près la même température, que « ça se tienne ». Le formalisme est très proche. La vie a été rapprochée par de nombreux auteurs, dans le sillage du prix Nobel belge Ilya Prigogine, de la formation de structures dissipatives. Ces structures sont une sous-partie de cette grande classe de systèmes qui tendent à se fragmenter sous l'effet de la contrainte. En insistant beaucoup sur l'aspect dissipatif de ces structures, les physiciens ont certainement irrité les biologistes, qui disent ne pas reconnaître ce type de systèmes dans leurs boîtes de Petri ou leurs éprouvettes, ce que je veux bien croire.

1. Il existe un cas particulier de ce point de vue qui est la fission nucléaire, découverte par Otto Hahn et Lise Meitner en 1931. Ils donnèrent le nom de *Spaltung* à la fission – mot qui désigne aussi, en allemand, la division cellulaire. Pour eux, la fission nucléaire évoquait quelque chose comme le processus de la vie ; quand on voit la réputation du nucléaire aujourd'hui dans le grand public, le moins que l'on puisse dire c'est qu'il ne reste plus grand-chose de ce sentiment.

Dans cette classe plus large de systèmes qui répondent à la contrainte, le système *parent* se brise en sous-systèmes plus petits, qu'on pourra, pour les besoins de ce rapprochement un peu cavalier, appeler « *enfants* ». Ce point de vue risque de faire hurler les biologistes, mais bon, ils ont eu tant d'occasions de hurler depuis le début de cet ouvrage... Le choc s'exerçant sur une assiette que l'on casse crée des débris que, dans une vision extrêmement large de la vie, on appellera les enfants de l'assiette. L'assiette du départ est détruite, sacrifiée, dans cet enfantement.

On me dira, après avoir bien hurlé et repris ses esprits, que tout cela est une absurdité, pourtant, je vais poursuivre un peu plus le point de vue, pour essayer de vous convaincre de l'existence d'un point commun entre la fragmentation d'une assiette et la division cellulaire, et pour vous faire toucher du doigt la différence. Au tout début de ce livre, j'ai écrit qu'il n'y avait rien de commun entre des cristaux qui se brisent et le mode de reproduction des êtres vivants, que, fort heureusement, nous ne nous reproduisions pas nous-mêmes en nous jetant contre les murs pour provoquer notre propre division. Cette plaisanterie est évidemment fondée, mais c'est en quelque sorte pour boucler la boucle que je reviens sur cette affirmation afin de montrer qu'on peut se casser de l'intérieur.

Quand les plantes se prennent pour le baron de Münchhausen

Tout d'abord, je peux montrer à partir d'observations de botanique interprétées par un exemple mathématique précis que les forces internes et les forces externes produisent le même type de formes. Le modèle mathématique en question est censé décrire certaines plantes, une feuille ou une racine simple. Dans le cas des plantes, on sait depuis toujours que des forces internes « poussent » pour que la plante pousse et s'accroisse, ainsi la racine avance en déplaçant le milieu autour. Ce qui est tout à fait remarquable, c'est que la forme de la plante, dans bien des cas, évoque la croissance cristalline. J'ai déjà mentionné ce fait dans mon précédent ouvrage. D'autres que moi l'ont également remarqué. C'est une idée dont il n'y a pas lieu, franchement, de se vanter : un poète comme Roger Caillois, dans une sorte d'élan universel, l'a énoncée très clairement bien longtemps avant nous. En revanche, la science est capable de dépasser le poète, ou bien de venir à sa rencontre, par le chemin des ordinateurs (chemin que beaucoup, évidemment, n'empruntent pas sans une certaine méfiance) et de lui montrer pourquoi il y a quelque chose de commun entre la croissance des plantes et la croissance des cristaux en forme de plante. La figure 1 montre une forme « en flocon de neige » obtenue en considérant un modèle dans lequel des atomes venant de l'extérieur réagissent et se déposent à la surface. C'est un modèle de type réaction-diffusion, appliqué à la croissance d'une structure. Ce qu'on voit, c'est une sorte de pointe, émettant d'autres pointes, c'est assez proche d'un problème de croissance de flocons de neige, comme évoqué, ou illustré dans la figure 7 du chapitre IV.

Cette chose qui pousse est, dans l'esprit de la simulation, un solide. À l'intérieur, il ne se passe pas grand-chose, c'est pour ainsi dire mort. Si l'on voulait appliquer ce type d'idées à la croissance des végétaux, du vivant, on devrait se dire : ça n'a pas de rapport, puisque les végétaux poussent par l'intérieur. Mais appliquons le principe de

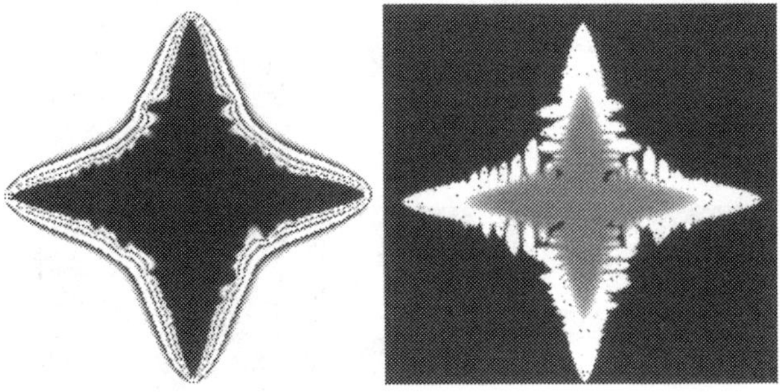

Figure 1. Croissance d'une forme pointue émettant des branches latérales, par champs externes (cas des solides dendritiques, par exemple). À gauche, le champ de concentration de la vapeur. À droite, le solide proprement dit.

Münchhausen : le végétal est capable de tirer lui-même sur ses lacets pour pousser. Par conséquent, on peut très bien penser qu'il crée une force de poussée, un débit de molécules, tout à fait comparable à celui que le cristal perçoit autour de lui, sauf que : tout se passe à l'intérieur. La cellule a son petit monde à l'intérieur qui va remplacer ou recréer le monde extérieur subi par le cristal. On prend donc le modèle en question, et, au prix d'astuces techniques et de traficotages indignes d'un chercheur déterministe, mais parfaitement compatibles avec le mode de recherche du vivant, on fourre tout à l'intérieur. J'entends le mot « fourrer » dans une acception presque non argotique, fourrer comme farcir. La simulation donne alors le résultat de la figure 2 : une branche qui fait des sortes de rhizomes, qui eux-mêmes se reproduisent pour en faire d'autres, avec des champs uniquement internes.

Suivant la valeur des paramètres, on fera plutôt des filaments, plutôt des sortes de grandes feuilles plus ou moins lobées. C'est un calcul de principe, qui n'a guère les moyens de prétendre décrire la réalité avec précision. Les feuilles avec des coins évoquent vaguement un platane à

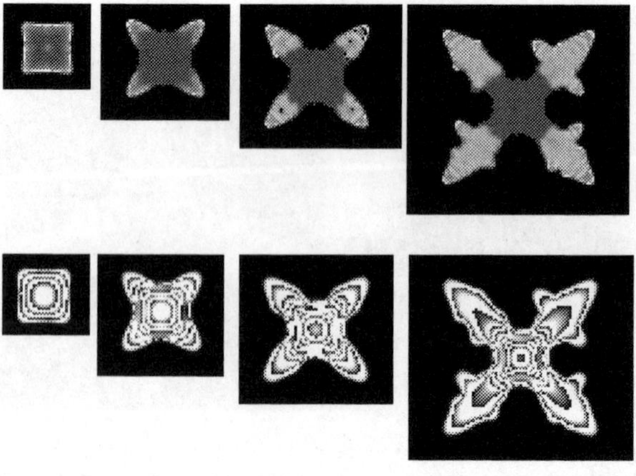

Figure 2. Croissance d'une forme pointue émettant des branches latérales par des champs internes (cas des bourgeons des plantes).

tendance carrée, ou les lobes d'une feuille de rhus-sumac. De toute façon, on ne connaît pas assez bien les propriétés mécaniques réelles des tissus vivants pour pouvoir faire un calcul très réaliste.

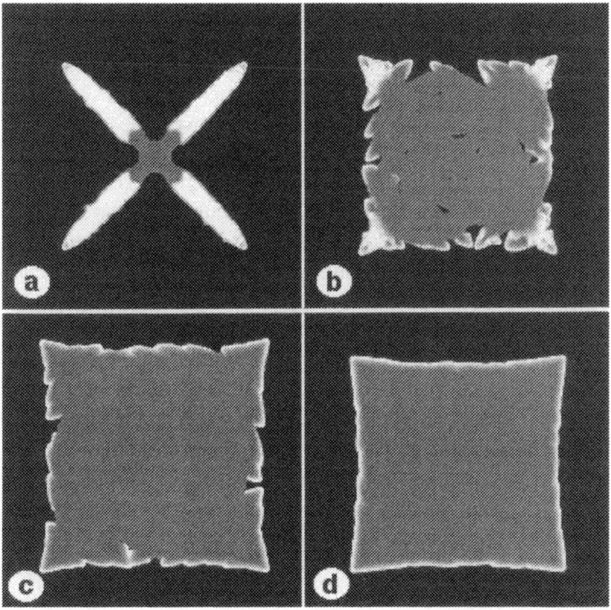

Figure 3. Différentes morphologies, obtenues pour divers paramètres du modèle.

Je donne ces figures pour illustrer, une fois encore, le sens de la démarche scientifique. La différence avec le calcul de Green de la page 73 (l'espèce de beignet à symétrie 5), c'est qu'ici la branche croît réellement. Dans le calcul de Green, la forme présentée est obtenue par une déformation statique, qui elle-même ne croît pas au cours du temps (ce qui pose des problèmes informatiques considérables, à trois dimensions). Dans *Arbres de pierre*, j'avais présenté le raisonnement purement qualitatif, c'est-à-dire raisonnablement pifométrique, permettant de dire que, *a priori*, on devait pouvoir faire des branches avec des forces internes comme avec des forces externes. C'est le genre d'idées qui, *a posteriori*, paraît évident. Mais le chemin n'est pas simple qui va d'une idée raisonnable au résultat d'un calcul qui le démontre. On pourrait penser : c'est évident, c'est presque nul. En fait, il y a une chausse-trappe, que le calcul révèle : dans le cas des cristaux, les pointes croissent parce qu'elles perçoivent une source d'atomes devant elles qui en quelque sorte les attire. Si l'on internalise tout le mécanisme de croissance, en admettant que la vie a ses propres réserves à l'intérieur, on rencontre un problème : si le bord de la plante est attiré vers une source interne, il n'y a plus d'instabilité, et on s'attend à la croissance de quelque chose de très rond. Cela tient au fait que, si la source est interne, plus une branche s'éloigne, et moins elle est attirée, et donc elle tend à ne plus pousser. De cette façon, on ne peut pas voir sortir des branches. Par conséquent, pour que des branches émergent par un champ interne, il faut que les branches émergentes aient toujours envie de s'éloigner ; après avoir un peu commencé à sortir, il faut que la source interne joue un rôle inverse de celui joué par les atomes dans le cas des flocons de neige : si le bord du flocon de neige est « attiré » vers les sources d'atomes, le bord des plantes est « repoussé » par une source repoussante située à l'intérieur. Ce repoussement, repoussage, repoussoir, peut être un inhibiteur de croissance, ou simplement, une force mécanique, qui, justement, *repousse* les branches. En quelque sorte, on doit dire que les flocons de neige « poussent », et les bourgeons des plantes « repoussent », mais je crains, en écrivant cela, de ne pas réussir à me faire bien comprendre. Au final, la pointe d'une plante est en fait équivalente au creux d'une dendrite, et pour comparer les plantes et les objets physiques il faut regarder les plantes à l'envers (figure 4).

Un réflexe naturel est de se demander, pourquoi, comment les êtres vivants ont développé la faculté de se tirer eux-mêmes de l'intérieur. En quoi était-ce inéluctable ? On peut y voir une conséquence automatique de l'existence des forces (comme la gravité) autour de nous. En admet-

Figure 4. Feuille de platane évoquant par endroits des pointes cristallines. En fait, pour y voir des cristaux, il faut retourner la feuille, et considérer les creux. Le milieu de croissance, pour une plante, est interne, alors que, pour un cristal, il est externe.

tant que la vie est un vaste engrenage de réactions chimiques, on n'oubliera pas que certains pignons de cet engrenage tournent sous l'effet de forces mécaniques, de même que, en frottant les roues d'une voiture à ressort, on fait tourner des pièces à l'intérieur. Cependant, la mise en relation de ces pignons extérieurs avec l'intérieur de la cellule donne à celle-ci, *a contrario*, des aptitudes biomécaniques, *si elle fait tourner les engrenages dans l'autre sens*, de même que, si l'on fait tourner à la main les rouages internes d'une voiture à ressort, on verra tourner ses roues dans l'air. Or c'est un fait parfaitement établi en chimie que, autour des équilibres, on peut faire « tourner » les réactions chimiques dans les deux sens (principe de Le Châtelier). Un exemple très simple de ce phénomène, dans le domaine biologique, nous est donné par les os. Chez l'adulte, les os sont sensibles à la gravité, et les micro-ossifications dont notre squelette est fait s'orientent dans le sens des contraintes mécaniques imposées par notre poids, notre déambulation, etc. Chacun a sûrement entendu dire que les os des cosmonautes se désagrègent en microgravité ; c'est pour cette même raison. Mais, dans l'embryon, en l'absence de contraintes gravitationnelles, les os se forment et croissent sous l'effet des forces *internes* de poussée. Pour être capables de réagir et de s'adapter à la gravité, les cellules ont développé des aptitudes biomécaniques, lesquelles, en réalité, sont disponibles dans l'embryon pour mettre en œuvre la morphogenèse, même en l'absence de gravité, à condition de faire tourner certaines réactions chimiques en sens inverse (au lieu de sentir la force, on la produit).

Cette conclusion sur l'origine biomécanique d'une grande partie de la morphogenèse conforte les modèles de phyllotaxie en ceci que tous ces modèles, qui reproduisent des branches spiralant de façon quasi mathématique, avec des spirales en nombres déterminés (cf. chapitre précédent), ont besoin d'une force de répulsion entre les groupes de cellules qui forment les différentes parties des fleurs. Le fait que les forces produisant les végétaux soient « repoussantes » est consubstantiel au fait qu'elles forment des branchements.

En tout état de cause, la petite simulation de la figure 2 montre simplement qu'il n'y a pas de différence conceptuelle très profonde entre une forme physique qui pousse par l'extérieur, et une forme biologique qui peut pousser par l'extérieur ou bien par l'intérieur. L'avantage de pousser par l'intérieur, évidemment, c'est que l'intérieur est un petit monde à soi, plus petit, plus chaud, plus protégé (petit, chaud, protégé, en un sens précis, physique, autant que métaphorique), et donc, plus sûr (il vaut mieux compter sur ses propres forces pour faire un embryon, que sur les événements extérieurs, bien entendu).

Ayant donc illustré l'équivalence, finalement, entre le monde extérieur et le monde intérieur, mais avec les nuances que je viens d'expliquer, il me reste à montrer comment le fonctionnement du vivant explique mon point de vue sur les formes, et le caractère formesque de la vie. Le mot formesque casse un peu les oreilles, il serait peut-être plus amusant de chantonner quelque chose comme *un monde for me formi formidable*. Ce point de vue a probablement un qualificatif plus précis : il est légèrement pythagoricien, mais le mot ne sonne pas tellement mieux. Il n'est pas complètement pythagoricien en ceci que les formes que j'ai discutées dans ce livre ne dépendent pas que de nombres, fussent-ils des nombres d'or, comme dans les rapports phyllotactiques de certaines plantes ; elles dépendent également du fait qu'on joue le film, qu'on exécute réellement la croissance, pour voir finalement le résultat. En ce sens, ce monde est un monde changeant, ce qui est plus proche de la philosophie orientale que de la philosophie grecque (bien que *tout coule*).

Tricoter le vivant

Dans le cas du vivant, la cellule se présente comme un petit sac plein de choses, d'une machinerie cellulaire (au demeurant fort complexe), qui permet la réplication de la cellule. Vue de loin, la cellule a une forme : un petit sac. Après une division cellulaire, il y a deux sacs, et le processus de vie a produit une fragmentation du sac, qu'on appelle division. La vie, c'est l'association du sac, de la machinerie chimique qui permet au tout de fonctionner, et du patrimoine génétique qui contient les instructions. Pour que ce soit vivant, il faut que cela perdure, passe les années et les millénaires. Tout cela est presque indescriptible, et je recommande aux personnes motivées de lire le livre de Christian de Duve sur la structure des cellules [1]. Il est fort difficile de faire comprendre comment la vie fonctionne à partir d'une description de la chimie du vivant, telle qu'on l'observe aujourd'hui. La vie est une construction si longue, patiente et aléatoire, que le paysage qu'elle offre aujourd'hui est très confus, même pour les spécialistes. Je ne vais pas, ici, me lancer dans une énième description des gènes, des chromosomes, etc., qui serait fastidieuse ou redondante. Ou bien qui m'entraînerait comme tant d'autres dans des méandres qui rendent presque fou.

Je propose plutôt de vous décrire un être vivant minimal, une petite chose qui fonctionne et qui est vivante, indéniablement, au moins sur le papier. De sorte que le lecteur puisse avoir une idée de ce que c'est qu'une petite chose vivante, qu'une petite vie. Ce ne sera pas un petit être purement métaphorique : je pense qu'on pourrait le construire avec les moyens du bord, c'est-à-dire avec les moyens de la science actuelle. Attention, je ne prétends pas que cet être minimal s'est trouvé à l'origine de la vie, ou bien sur le chemin du long parcours du vivant. C'est une petite bête que je construis artificiellement, et qui illustre ce qu'est la vie.

Notre petit être est composé de deux parties : un long brin de polymère Z-Z-Z-Z-Z-Z, etc., et une enveloppe autour. La partie Z-Z-Z-Z… est une chaîne de molécules assez longue. Le mot polymère désigne ces molécules qui sont faites de motifs répétés. C'est le propre des molécules du vivant d'être construites ainsi, et, en s'inspirant d'elles ou en exploitant leurs composés (pétrochimie), on fabrique également les polymères qui nous entourent : les matières

1. Christian de Duve, *Construire une cellule*, Éditions de Boek, 1990.

plastiques, la cellulose, le caoutchouc, etc. J'ai dit plus haut que le bois, la carapace des crabes, la peau sont faits de polymères, j'ai longuement expliqué que ces polymères jouaient un rôle crucial dans la différence entre les formes cristallines et biologiques. Mais ces polymères jouent un rôle plus profond dans l'être même de la chose vivante, par rapport à la chose inerte. Les chromosomes sont également des polymères.

Le propre des polymères est de pouvoir se former à partir de bains de molécules Z. On met beaucoup de Z, ça réagit, et ça fait des Z-Z-Z-Z-Z-Z-Z, qui peuvent être arbitrairement grands. Maintenant, vu d'un peu loin, ce polymère est un grand fil. Or les physiciens (au premier plan d'entre eux, le célèbre prix Nobel, Pierre-Gilles de Gennes) ont montré que, en général, ces polymères existent sous deux formes : une forme en pelote, toute ramassée, et une forme toute déroulée, un fil qui flotte dans le bain, pour ainsi dire. Il y a encore une autre forme : un collier de perles, ramassé, déroulé, ramassé, déroulé, etc. Notre être vivant minimal va donc comporter un tel fil, qui sera parfois tout recroquevillé, et parfois tout déroulé.

Ce fil, pour accéder à la vie, doit avoir la propriété suivante : quand il est en pelote, il fabrique des petits bouts de Z, et quand il est déroulé, il fabrique un fil complémentaire, un long bout de Z-Z-Z-Z--Z (pour être plus proche d'un être vivant actuel, me dit mon voisin de bureau, Maurice Guéron, il conviendrait de passer par une étape intermédiaire, où le fil ZZZZZZ fabrique le fil WWWWWW, qui a son tour refabrique ZZZZZZ, mais c'est un détail).

Donc, la situation est celle-ci : quand il est déroulé, le fil subit une opération de copie de lui-même qui donne une sorte d'échelle ZZZZZZ/ZZZZZZZZ (voir figure 5).

Quand il est en pelote, le fil emberlificoté tend bien à produire des Z, mais comme le patron est tout emmêlé, il ne fabrique que des débris Z, ZZ, ZZZ qui flottent autour de la pelote de fil. Du fait que ces débris sont formés par la boule de ZZZZZZZ emmêlée, la boule de Z se retrouve entourée d'une fine pellicule de Z côte à côte, ressemblant

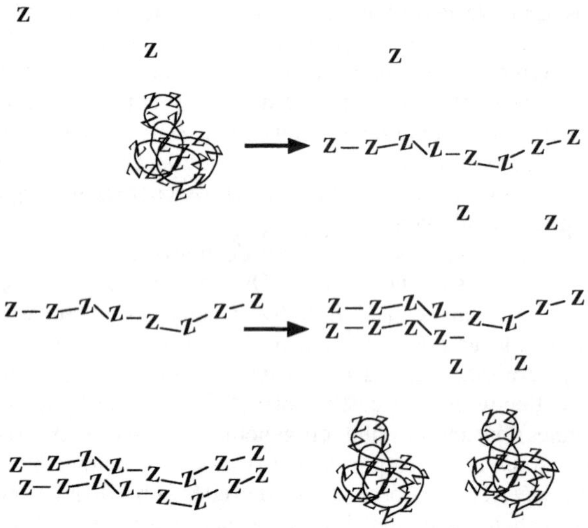

Figure 5. Reproduction du long fil ZZZZZ qui passe par une étape intermédiaire Z-Z Z-Z Z-Z Z-Z.

à une bulle de savon. Ce phénomène est très courant en physique : quand un petit défaut ou un petit agent ponctuel facilite la création d'une bulle, ou d'un cristal, ou d'une chose spontanée comme ça, le défaut se retrouve piégé à l'intérieur de la bulle ou du cristal, c'est très banal. Si la fabrication des Z se fait près d'une boule, la boule se retrouve cernée, ce n'est pas sorcier.

La situation de notre fil de polymère a donc un peu changé. Sous l'effet de la création des Z dans la phase emberlificotée, la pelote est spontanément entourée d'une coque, encapsulée dirait-on. On voit donc un petit sac, et l'on distingue au centre un filament tout emmêlé.

Dans le volume, des débris Z, ZZ, ZZZ flottent, qui rebondissent sur la pelote, et parfois s'incorporent à la coque, qui s'agrandit peu à peu. Cette chose est purement chimique, elle n'a apparemment rien de vivant. Si j'essayais de la faire au laboratoire, la coque se remplirait probablement de Z, et, au final, on aurait une sorte de précipité de matière plastique gluante. Maintenant, comment cette chose va-t-elle devenir vivante ? De temps en temps, la pelote se débobine, et alors, au lieu de produire des Z, Z Z, ZZZ fragmentés (mais à foison), elle va produire Z-Z-Z-Z-Z-Z... ; se répliquer elle-même. Puis, les deux fils vont se séparer, reformer une pelote, et les deux pelotes continueront à produire des Z qui feront une coque autour de chaque pelote, et ça fera deux cellules.

Si la chose recommence de façon plus ou moins périodique, nous avons un petit être cellulaire, qui se divise régulièrement, en léguant à chaque cellule un long fil ZZZZZZZZZZ, et des débris Z, Z Z, ZZZ qui peuvent servir à faire la cellule, ou bien à refaire un fil-pelote. Cet être est indéniablement vivant. Mais le scénario n'est pas complet, car on ne voit pas pourquoi ce serait périodique, et pourquoi la formation d'un deuxième Z-Z-Z-Z-Z aurait lieu, et *tutti quanti*. Il y a beaucoup de choses qui semblent un peu miraculeuses dans cette description. On peut donner plus de détails. Le dépliement de la pelote est contrôlé par le phénomène suivant : le fil est tout serré en pelote, ou bien tout débobiné, cela dépend du contenu de la coque. Or, au fur et à mesure que le sac grandit, la concentration en produits chimiques diminue dans la coque, et la pelote se retrouve de plus en plus dans de l'eau, où elle se déplie plus facilement. Par conséquent, le déroulement est une fonction de la forme (taille) de la coque, et cet événement est lui-même un changement de forme, une transition entre un état fil allongé et un état roulé en boule.

L'existence même de ces états, roulé et déroulé, est facile à comprendre : les brins ont des affinités entre eux, et des affinités avec le liquide. Si l'affinité entre eux est supérieure à l'affinité pour l'eau, ils se replient et se mettent en boule. La différence entre une boule de polymère biologique et une boule d'atomes de solide inerte, c'est que la boule de polymère peut se déplier pour redevenir des molécules à la queue-leu-leu. Pas la boule de solide : le solide, une fois mis en boule, reste éternellement en boule (dans ce contexte). Les repliements-dépliements se produisent en général à haute température, mais tout conduit à penser que la vie est née autour de 100°, dans des sources profondes chaudes, ce qui est bon pour le modèle.

Ce qui n'est pas facile à comprendre, et qui fait le mystère de la vie, c'est que les réactions chimiques nécessaires à toutes ces opérations soient si spécifiques, que les molécules ne produisent pratiquement que ce qui est vraiment nécessaire ou compatible avec le fonctionnement de la vie, et pas tout le reste, tous les poisons possibles. Un grand nombre de chimistes savants et ingénieux essaient de fabriquer des molécules très primitives ayant ce genre de propriétés : c'est un sport extrêmement difficile. En règle générale, on parvient à fabriquer des molécules évoquant ce genre de comportements, mais en des proportions infimes, inférieures à 1 %, ce qui a fait dire qu'on ne sait produire, dans les expériences de laboratoire, que du goudron, au milieu duquel se débattent quelques molécules « biotiques » engluées qui n'ont pas d'espoir de faire émerger la vie. En outre, dans les conceptions courantes de la vie, il faut des molécules très différentes (dites prébiotiques) pour faire fonctionner les diverses parties de la « machine » vivante. Or, au laboratoire, si on réussit à produire ces molécules différentes, ce n'est qu'en petites quantités, et, pour chacune d'entre elles, dans des conditions fort différentes. Il faut donc supposer l'existence d'un milieu primitif, très particulier, dans lequel les molécules étaient produites *et* en grand nombre, *et* ensemble. Un modèle comme celui décrit ici, quoique fort éloigné de la description actuelle de la vie, ne requiert qu'un milieu unique. Une molécule unique fait tout. Que cela soit possible, ou pas, peu importe : c'est une pure spéculation qui n'a guère de chances d'être contredite, j'en fais le triste aveu.

En fait, le repliement dépliement du polymère, au centre de notre petit être, pourrait avoir une autre cause, extérieure, telle qu'un effet de température, par exemple le cycle jour/nuit, quoique cela ne soit pas compatible avec une émergence au fond des mers.

Ainsi, cet être minimal est composé d'un sac, dont la formation est contrôlée par la chimie d'une pelote à l'intérieur. Le changement de forme de cette pelote est dû au changement de forme (agrandissement) du sac. Cet être minimal est vivant : c'est un individu (cellule), il a un chromosome (ZZZZZZZ), il se divise de temps en temps, et passe son plan de construction (pas compliqué : ZZZZZZ) à ses deux enfants. Il disparaît lui-même dans l'affaire. Le fait qu'il exécute deux tâches (duplication de ZZZZZ et fabrication de petits bouts Z, ZZ, ZZZ) tient au fait qu'il a deux états, un état en boule où on peut encore faire des Z, mais pas les mettre complètement bout à bout, et un état tout déplié où on peut faire toute la chaîne ZZZZZZZZ.

Voilà, c'est le minimum pour faire un être vivant. Il ne peut pas encore se demander « qu'est-ce que je fais là, mon Dieu », mais il en prend le chemin, il va bientôt frétiller, puis il s'étirera dans un grand bâillement, et nous demandera du feu. Les mutations successives du ZZZZZ qui rate sa propre duplication créent parfois, par erreur, des bouts dont certains ne sont pas des Z. Ce sont des RZZZRZZZRZZ ou des ZZZHZZZRZZZ, et finalement tout ce qui ressemble au vivant tel qu'on le connaît aujourd'hui. Certaines des erreurs se révèlent géniales. Les R ou les bouts ZR ZZR ZZZR seront, ou ne seront pas, incorporés dans la coque, en changeront les propriétés chimiques (perméabilité), qui donneront au petit être plus ou moins de chance de… et l'histoire de la vie peut commencer. Des auteurs comme Peter Nielsen, à l'université de Copenhague, essaient ou ont essayé de fabriquer ce genre de molécules *in vitro*, on sent que c'est possible.

Les aventures de la pelote

Maintenant, qu'y a-t-il de commun et de différent dans ce système, avec les systèmes physiques, voire avec les systèmes de type réaction-diffusion ? Dans la petite chose que je viens de décrire, il y a une coque, qui se divise sous l'effet d'instabilités : la grande coque veut devenir deux petites coques entourant chacune un des brins. Cette division a une composante physique certaine, mais la division de cette coque se fait à un rythme, à une cadence, qui est liée au débobinage de la petite pelote qui fabrique les éléments de coque, se déroule, et se recopie. Elle est également contrôlée en orientation, une petite brisure de symétrie est induite par la présence de deux pelotes, qui produisent chacune des éléments de coque. Cette petite asymétrie induit une séparation en deux de la coque, chaque nouvelle coque conservant une pelote. C'est une brisure de symétrie comparable à la chipsification orientée par les fibres, que nous avons vue au chapitre III. La forme physique, purement physique, forcément physique, est orientée par la présence de molécules ayant une orientation particulière. Le petit être subit ou exploite le même type de « sélection », à son échelle.

La cause profonde de la fragmentation n'est pas unique, c'est la rencontre d'un changement de taille de la coque qui devient un peu instable et d'un changement de conformation de la pelote. L'ensemble est, indirectement, contrôlé par les éléments, la nourriture de ce petit être, que sont les molécules nécessaires pour former les Z (ce qui est extraordinaire, dans la vie réelle, c'est que la fabrication des molécules de Z à partir du milieu ambiant soit aussi précisément contrôlée par des catalyseurs). Elles arrivent à travers la coque de Z, simplement par perméabilité (ça traverse, c'est tout, parce que la coque fuit. Plus tard, si la coque incorpore des bouts ZZ ou ZRZ ou autre, il pourra y avoir des passages plus déterminés à travers la coque, de petites portes chimiques. Dans le modèle de base, ça traverse, difficilement, mais de soi-même). Donc, la nourriture, le flux spontané à travers la surface détermine la vitesse de croissance de la coque, et le milieu ambiant dans lequel baigne la pelote. Quand la coque grandit, l'environnement de la pelote change, simplement parce que la source de nourriture s'éloigne (c'est le milieu, extérieur à la coque). Le changement de conformation a donc lieu, à l'échelle microscopique, sous l'effet du changement de taille de la coque. La division cellulaire, dans ce modèle simple, est une conséquence directe de l'accroissement de la taille de la coque, et des instabilités propres à une coque trop grande qu'on persiste à agrandir.

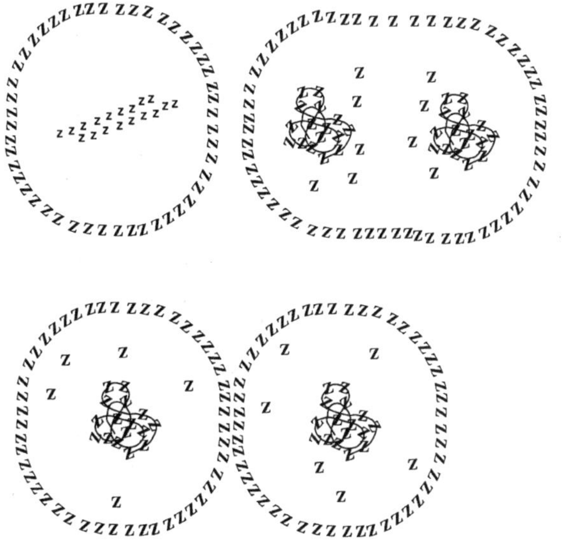

Figure 6. La division cellulaire commence quand, la coque ayant grandi, l'environnement chimique de la pelote a suffisamment changé pour provoquer le changement de conformation de la pelote.

Ainsi, la dynamique du changement de forme de la pelote régit le temps propre au cycle de la vie de cet être ; la physique de la forme des coques régit la forme exacte (qui n'est pas forcément sphérique, de nombreux êtres primitifs ont des formes de bâtonnets ou de bananes, etc.), et le mécanisme de division en deux. Pour qu'on puisse parler d'un individu (unicellulaire en l'occurrence), il faut que l'enveloppe-coque existe. Mais cette coque permet dans le même temps le fonctionnement d'un mécanisme interne d'« horlogerie ». Cette horlogerie consiste en une oscillation, qui est rythmée par le repliement-dépliement de la longue molécule qui change de forme et par l'oscillation concomitante des concentrations entre la pelote et la surface interne de la coque (quand la coque est petite, les flux sont grands, quand la coque est plus grande, les flux sont plus petits, la division en deux de la grande coque ramène à de petits flux). Tout est lié.

Le miracle de la vie, évidemment, c'est qu'il existe une molécule qui soit capable de faire ce balancier, si son environnement a la forme en coque décrite. Tout cela n'est pas tiré par les cheveux : ce que je viens de décrire est plutôt beaucoup plus simple que ce qu'on voit en réalité dans les systèmes vivants.

Dans les systèmes du genre « mécanisme de Turing », ou les systèmes dissipatifs associés, les oscillations, quand il y en a, sont réglées par des phénomènes cycliques dans les champs de concentration, pas par la dynamique de repliement-dépliement d'une molécule. La séquence d'événements petite coque ⇒ grande grande coque ⇒ coupure en deux est contrôlée par le débit de Z à la surface de la pelote. Dans les systèmes étudiés par les physiciens depuis une trentaine d'années, on ne trouve pas une petite chose microscopique qui fixe la durée des oscillations. Les phénomènes cycliques de physiciens ressemblent plutôt à des tourbillons, comme la formation d'une tornade, ou le mouvement des bouillons dans la casserole : ces tournoiements fixent effectivement des sortes de mouvements pendulaires ressemblant à des mouvements d'horloge, mais ces rythmes sont déterminés par tout le milieu où ça tourne (par exemple : dans la casserole, c'est toute l'eau et toute la plaque chauffante qui contribuent à déterminer la vitesse de rotation des tourbillons). Dans le cas de la vie, la base de temps est contrôlée par l'instant où se produit un changement de forme d'une molécule, donc par les propriétés d'une molécule unique.

Cependant, le point commun avec la fragmentation sous l'effet d'une contrainte, c'est que la coque ne peut pas grandir indéfiniment. Quel que soit le cas de figure, elle finira par se diviser en deux. Au fur et à mesure qu'elle grandit elle devient instable et tend à se fragmenter. Chacun des fragments emporte une pelote, en raison de la haute symétrie du problème de la réplication. La raison pour laquelle les deux brins se reséparent et se remettent en pelote, dans la grande coque, tient simplement au fait que, dans la phase étirée, le fil ne produit presque plus de Z. La concentration en éléments réaugmente autour des deux fils déroulés, jusqu'à ce qu'ils se séparent et reprennent une forme de pelote, et se remettent à produire des morceaux de coque.

Notez bien qu'on peut imaginer qu'il y ait une brisure de symétrie de la réplication, et qu'un des brins formés soit bien plus court que l'autre. Dans ce cas, on s'attend plutôt à ce qu'un petit fragment fasse sa propre coquille et soit complètement internalisé à l'intérieur de l'autre. C'est le début des mitochondries et autres organelles, tout à fait pertinentes dans le problème. Dans ce modèle, les organelles ne sont pas avalées par les cellules au fil de l'évolution, elles sont créées de l'intérieur. Une division symétrique donne deux êtres physiquement séparés ; une division asymétrique donne soit deux êtres : l'un petit, l'autre gros, soit, plus probablement, un gros être avec un petit dedans. Il peut arriver qu'une pelote ne soit pas capable de faire sa coque, mais soit suffisamment protégée dans sa forme pelotonnée, pour qu'elle puisse se promener longtemps dans la nature, avant de rentrer dans une coque-hôte. C'est le virus, cette chose qui n'est franchement vivante qu'à condition de partager sa vie avec une cellule proprement dite.

Dans ce modèle, le repliement a lieu à un certain moment, lié essentiellement à la taille de la coque, qui définit les concentrations au cœur, là où repose le filament pelotonné. On comprend sans peine qu'en agissant sur l'extérieur – en écrasant la coque ou en changeant la chimie au bord –, on provoque artificiellement, par contrainte extérieure, une division prématurée, ou bien, au contraire, une inhibition. Un ensemble de ces petits êtres formant une colonie, ou bien un simple tas, aura donc des divisions biaisées dans les directions où l'on appuie, ou bien dans les directions d'où vient un produit chimique particulier, et… c'est parti, la vie est sur le chemin de la morphogenèse sous l'effet de champs de concentrations ou de forces mécaniques, comme on s'est tué à les décrire depuis le début de cet ouvrage. Des chapelets de cellules formeront des branches, ou bien des tuyaux, ou bien des vaisseaux, etc.

Cette description relie, bien entendu, la physique à la chimie des polymères et à la science de la morphogenèse, cela fait beaucoup à penser d'un coup, et c'est peut-être trop. Il faut poser alors le stylo, et dire modestement : l'entrelacement de toute cette complexité atteint un seuil métaphysique. Au début de ce livre je faisais allusion à une différence entre la métaphysique et la poésie, apparente dans le type de sciences que l'humanité a produit : la physique ou la chimie fondamentale touchent à la métaphysique, la science de la morphogenèse plutôt à l'art et à la poésie. Chercher à comprendre pourquoi une molécule comme l'ARN existe creuse vers les limites de la connaissance, donc vers la métaphysique ; chercher à comprendre pourquoi une fleur peut ressembler à une crête de coq superpose les patrons de la physique aux figures de la conscience contemplative. Cependant, lorsqu'on aura tout compris, lorsque les progrès de la physique, des mathématiques, des ordinateurs, et même de l'astronomie (exobiologie) nous apprendront le secret de la vie, il restera une question éternellement vertigineuse : pourquoi tout cela a-t-il été possible ?

Chapitre VII

LA CACOGENÈSE

En mon âme et conscience, j'ai le sentiment qu'expliquer les mécanismes *chimiques* par lesquels la vie contrôle les manettes de tous les aiguillages, qui finissent par donner toutes les formes observées, éloigne le chercheur de ses contemporains, l'enferme dans une tour d'ivoire. Un professeur en biologie moléculaire m'a dit un jour, un peu las : « Ce que je fais est impossible à vulgariser, toi, ce que tu fais, ce n'est pas de la biologie. » Soit. Ce que vous avez lu jusqu'ici est sans doute le versant le plus facile de la morphogenèse, la chimie de tout cela est desséchante.

C'est pourquoi je choisis de finir sur le *drame* de la morphogenèse, lorsqu'elle part de travers, qu'elle perd les pédales, qu'elle panique, et non sur une description fine de la génétique. Ce n'est pas pour autant un *happy end*. Il y a, en effet, un fond de gravité à cette fin : la morphogenèse qui va mal, c'est l'enfant malformé qui ne naîtra pas, ou bien même, qui naîtra. C'est le développement anarchique d'une métastase qui envahit le poumon, c'est le vaisseau sanguin qui se tord ou s'anévrise. J'ai pu donner l'impression, dans les chapitres précédents, d'une sorte d'insouciance contemplative. Quel bonheur : la nature est si belle ! Il faudrait demander leur avis aux victimes de la nature, que nous sommes tous un jour ou l'autre.

On dit généralement que la formation d'un tissu vivant est organisée, ordonnée, et que les malformations ou les cancers sont désorganisés, désordonnés. Je ne partage pas ce sentiment. Le cancer est certainement très ordonné, également. Simplement, il a des déterminants qui ne sont pas ceux du tissu sain. Il fait autre chose que ce qu'il devrait, mais il ne fait pas n'importe quoi. Sa logique a le malheur de se retourner contre son hôte.

L'hypertension

Les biologistes et les physiciens ont compris depuis peu que l'étude de la morphogenèse peut apporter des renseignements très importants sur la formation des systèmes vivants, sur la manière de les comprendre, et donc sur la façon de les traiter (lorsqu'ils sont malades, par exemple). Ainsi, dans l'hypertension, l'architecture générale des vaisseaux change : raréfaction des vaisseaux ou apparition de boucles sont des phénomènes fréquents. Il n'y a rien de mal à cela, sauf pour le malade qui va en mourir, à la longue. Du point de vue de la morphogenèse des vaisseaux, faire plus ou moins de boucles n'a rien d'invraisemblable ou de dramatique, ce n'est qu'affaire de contexte, et de sélection d'un mode de croissance parmi beaucoup d'autres. Mais, pour bien comprendre le mécanisme et les effets de l'hypertension, il faut étudier la morphologie (image fixe) des vaisseaux, et la morphogenèse (l'histoire de la formation) de ces vaisseaux.

Que faut-il faire pour rétablir les vaisseaux *bien comme il faut* ? À l'heure actuelle, on ne le sait pas, pas trop en tout cas. Une consultation médicale sur cinq est liée, directement ou indirectement, à l'hypertension. Les pathologies associées à l'hypertension ne cessent de croître dans les sociétés occidentales. Un malade traité sur quatre, seulement, a une tension normalisée. Le degré de pénétration dans le corps médical des concepts liés à la morphogenèse des vaisseaux sanguins est très faible, voire dérisoire. Je le dis sans animosité : les modèles de physiciens passent pour des prophéties sans support biologique. L'étude du génome, un jour, est censée résoudre tous les problèmes, donnez braves gens. Pour me contredire moi-même, je pourrais dire plutôt que les concepts liés à l'auto-organisation sont sans doute *trop* présents, dans l'esprit des biologistes et médecins, au sens où ils savent bien que le système « s'arrange », que la nature fait les vaisseaux d'elle-même, que c'est très facile pour elle. La formation des vaisseaux a quelque chose, pour les biologistes, de très automatique. On m'a souvent dit, dans les congrès, que « c'est comme les lits des rivières » ! C'est tellement automatique que, finalement, on néglige l'étude des rouages et engrenages des automatismes en question.

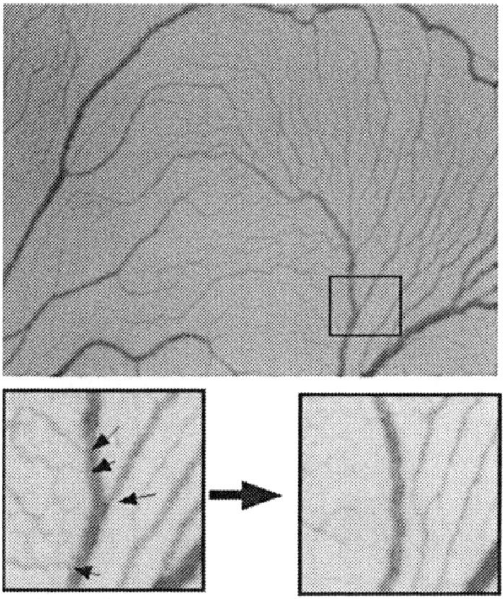

Figure 1. Vaisseaux sanguins de l'embryon de poulet vers deux jours d'incubation. En haut, une vasculature typique (artères plutôt à gauche, veines à droite). En bas, évolution d'une petite région, en quelques dizaines de minutes.

La figure 1 introduit mieux qu'une longue explication le sujet et les données sur lesquels travaillent biologistes et physiciens ; ce type d'images m'a été fourni par Ferdinand Lenoble, qui travaille sur des poulets. Il s'agit d'un cas typique de vascularisation (le sac vitellin du jaune d'œuf, vu à travers la coquille). Une telle vasculature se forme en quelques dizaines d'heures, et ne cesse d'évoluer, au fil du développement de l'embryon. Le *détail* de cette vasculature n'est pas codé génétiquement. Ce qui est codé, en revanche, c'est la réponse des cellules individuelles aux contraintes mécaniques (recherche d'une homéostase mécanique), à l'hypoxie (recherche d'une homéostase métabolique), et à des facteurs de croissance ou de régulation ; et encore, pour ces derniers, il n'est même pas sûr qu'ils soient nombreux. L'écart par rapport aux « consignes » (comme pour les thermostat des radiateurs) induit une réaction des cellules, l'expression de molécules chimiques, de protéines, qui peuvent être des promoteurs ou des inhibiteurs d'apparition de petits vaisseaux. C'est la description de ces molécules, et de leurs effets, qui « n'est pas vulgarisable ». Ainsi, le promoteur du gène du Vascular Endothelial Growth Factor (VEGF) est en partie contrôlé par HIF-1 – *hypoxia induced factor-1* –, une protéine produite par les cellules qui manquent d'oxygène. Mais que font exactement ces molécules, sur quoi agissent-elles, et dans quelles proportions ? On ne le sait pas. On le saura un jour et, à vrai dire, on le sait déjà sans le savoir : elles font pousser (au sens de l'anglais, *push*) les cellules et organisent les divers tissus en couches. Depuis trois ou quatre milliards d'années que la vie existe, les réseaux d'enchaînements de réactions permettant de contrôler le développement cellulaire ont eu bien le temps de se complexifier, c'est pour cela que les chercheurs rament.

Les cellules produisent également, suivant le contexte, des angiotenseurs ou dilatateurs, ou bien des facteurs de croissance plus classiques (bFGF). À moyen terme, les vaisseaux recrutent des cellules musculaires dans le tissu (mésenchyme) environnant, ou bien modifient le type cellulaire des fibroblastes situés sur le pourtour des tuyaux vers un type contractile. Tous ces phénomènes sont couplés à la réponse des cellules aux forces mécaniques et à la pression sur la paroi du vaisseau.

Chez les sujets hypertendus, la vasculature est « anormale », la raréfaction des vaisseaux a des conséquences sur la santé qu'il est inutile de souligner. Cette raréfaction est peut-être due à un simple écrasement de certaines cellules des capillaires. Le fœtus de la mère hypertendue porte également des anomalies d'architecture vasculaire. Notons également que la vasculature est bien différente de la normale autour des tumeurs.

Dans la figure 1 les flèches montrent des points de raréfaction capillaire *physiologique*. Des petits vaisseaux se séparent d'un vaisseau plus gros, et, là, c'est parfaitement normal, ça fait partie de l'histoire. En ces points, les vaisseaux se détachent des vaisseaux principaux, ce qui induit une modification radicale de l'architecture vasculaire. De telles modifications ont constamment lieu pendant la morphogenèse. Les deux agrandissements de la région encadrée montrent, à quelques dizaines de minutes d'intervalle, une région drainée par deux gros vaisseaux et un capillaire devenir une région drainée de façon toute différente, par trois vaisseaux de taille intermédiaire, reconnaissables plutôt comme des capillaires.

La réorganisation de ces vaisseaux est couplée à l'écoulement d'une façon essentielle, à la fois directement par l'intermédiaire des « consignes » (comme pour le thermostat du radiateur) de pression et de force agissant sur le métabolisme des cellules des vaisseaux, et indirectement par l'intermédiaire de la carte complète de flot qui définit l'écoulement dans toutes les « petites rivières » du « paysage ». Le flux d'oxygène ou de toute autre substance (sucre, protéines, etc.) arrivant aux tissus dépend également, évidemment, de l'écoulement. Par conséquent cet écoulement a des effets directs et de nombreux effets indirects. L'architecture évolue continuellement, et change drastiquement au cours du temps, pendant le développement, et après tout traumatisme dans les régions affectées (ischémie, infarctus, amputation). En résumé : pour comprendre cette architecture, il faut coupler le mécanisme de formation de la tuyauterie sous l'effet de l'écoulement (physique de l'auto-organisation) au métabolisme cellulaire (réponse individuelle biochimique et biomécanique, concentrations en Ephrin, VEGF, bFGF, HIF-1...). Ce problème requiert une interaction avec les expérimentateurs, une compréhension des aptitudes biochimiques et biomécaniques des cellules, un dialogue entre expérience et simulation, un retour sur tout le film de la croissance des vaisseaux, depuis le début.

Ce qui est particulièrement démonstratif, dans ce cas, c'est que toute l'histoire du phénomène joue un rôle dans la vasculature finale. À mon humble avis, un médicament contre l'hypertension, ça n'existe pas. Pourquoi ? Parce que lorsqu'un malade qui a de l'hypertension va voir un médecin, son architecture vasculaire est très modifiée. Depuis un certain temps, ses tissus, et tous leurs petits vaisseaux, ont été embarqués dans une histoire qui n'est pas bonne pour la santé du malade ; il y a moins de vaisseaux, plus d'étranglements aux jonctions, une modification de la vasculature rénale, etc. On dit au malade : « Vous avez de l'hypertension. » La tension ? Ah oui, cette quantité qu'on mesure avec le manomètre et le stéthoscope. La tension, ça monte et ça descend. Ça n'a pas l'air si compliqué. Je pense que les personnes hypertendues prendraient davantage garde à leur santé (stimulants divers, hygiène de vie, sel) si on leur expliquait mieux les dégâts.

Donner un médicament « contre l'hypertension » n'a pratiquement pas de sens, car rétablir la santé du malade, ce n'est pas, à un moment donner, modifier la tension dans la tuyauterie existante, pour que le malade aille mieux. Il n'y a aucun moyen, me semble-t-il, de rendre la santé au malade en donnant *un* médicament visant à rétablir la tension, dans le contexte de l'architecture vasculaire existant au moment où le malade se présente. Je suis à deux doigts, je le sens, d'un exercice illégal de la médecine, et vais donc me limiter à ce que les modèles de physiciens semblent indiquer : la vasculature saine, complète, est le résultat final d'un processus requérant la fabrication de capillaires, la maturation de capillaires en gros vaisseaux, la réorganisation des gros vaisseaux eux-mêmes. Pour soigner parfaitement l'hypertension, il faudrait recréer des capillaires, les faire repartir dans une « bonne histoire », et les faire atterrir en douceur sur la vasculature « normale », et tout ce processus de se produire avec comme point de départ, la mauvaise vasculature du sujet hypertendu. On n'obtiendra jamais cela avec un seul médicament. À la rigueur avec un traitement complet. Alors, sans doute obtiendra-t-on de bons effets avec des médicaments qui se contenteront d'agir avec les moyens (la tuyauterie) « du bord » et en modulant cette hypertension (à la baisse) dans certaines proportions. L'essentiel est que le malade se sente mieux, ait son espérance de vie prolongée, quitte à ce qu'il vive avec une autre vasculature. Parfois, la nature fait tout le travail de réparer les dégâts, si on la replace dans les bonnes conditions, mais il y a des effets d'irréversibilité. Des effets de ce genre sont classiques en médecine ; les cicatrices, par exemple, peuvent poser des problèmes chroniques, rebelles à tout traitement.

En résumé, ce sujet couple l'ensemble de la distribution hydrodynamique à toutes les réactions individuelles des cellules, point par point, dans tout le champ où se produit le phénomène pertinent de vasculogenèse. Le caractère circulant du fluide relie, en quelque sorte, tous les points de l'espace, d'une façon que seule la simulation numérique peut prendre en compte, et les physiciens savent faire ça mieux que les biologistes. Une analyse directe des réseaux de signaux biochimiques, individualisés au niveau cellulaire, ne permet pas de déduire la forme de l'architecture, ni de traiter les cas pathologiques, car quelque chose comme « un gène du gros vaisseau » ou « un gène du petit vaisseau » n'existe pas, comme le démontre l'image ci-dessus. C'est l'écoulement qui distribue les promotions.

Le cancer

Dans le cas du cancer, l'historicité du mal est mieux connue, admise dans le grand public. La maladie évolue, c'est une caractéristique majeure. Les traitements sont longs et pénibles, quand ils existent, et ils visent à faire reculer le mal, peu à peu, en tuant les cellules au moment de leur reproduction (pour la plupart des traitements), car, à cet instant, les cellules sont très vulnérables (les chromosomes sont débobinés). Il y a donc bien des phases, des cycles dans la vie des cellules, qui se couplent au paysage, au contexte. On lit partout dans les livres de cancérologie que le cancer passe *là où il peut*, suit les lignes de *moindre résistance*, envahit plutôt les cavités, etc. C'est une invasion, un combat, dans lequel la géographie de l'agressé joue un rôle. Souvent le cancer avance par « tentacules ».

Au début de son livre *99 F*, Frédéric Beigbeder cite une phrase de Fassbinder : « ce qu'on ne peut changer, il faut au moins le décrire » ; on pourrait dire également, ce qu'on ne peut guérir, il faut au moins en parler. Quelle description morphogénétique du cancer peut-on donner ? Ce n'est pas avec ça qu'on guérira immédiatement les gens, hélas, mais au moins on aura une petite idée de la manière dont ça se passe, et de la complexité du problème, sinon de la marche à suivre pour fabriquer des médicaments.

Dans un nombre de cas importants, le cancer est un ensemble de cellules qui croît en perturbant, voire en détruisant, l'organisation du tissu sain. Celui-ci ne peut plus exercer sa fonction normale ; en outre le cancer essaime et va faire des dégâts ailleurs. Il est difficile d'extraire le cancer par chirurgie, sauf à couper très large, car il plonge des racines ou ramifications de façon complexe, enchevêtrées dans le tissu à peu près sain, ou ce qu'il en reste. Cependant, il ne suffit pas de dire : il y a un régime de croissance ordonnée, l'organe sain, et un régime de croissance désordonnée, le cancer. Ce n'est pas très explicatif.

Lorsqu'on s'intéresse aux travaux des cancérologues, on s'aperçoit qu'il existe un double sens à ce désordre. Au niveau global, le cancer complet – la tumeur, si l'on veut – est une chose « anarchique », envahissante, mais, au niveau microscopique, les rapports entre cellules sont également très perturbés, jusqu'à être complètement « anarchiques ». Dans tous les cas, « certainement » moins ordonnés que pour le tissu sain. Il existe quelques exceptions, des cancers peu agressifs dans lesquels la tumeur a une forme bien définie ; parfois, même, elle produit un autre organe (par exemple, une dent dans une tumeur de l'utérus [1]). Mais, pour nombre de cancers, comme les cancers épithéliaux, on voit un désordre microscopique – les cellules se rangent mal – *et* un désordre macroscopique : la tumeur a une sale gueule. En voyant ça, le médecin fronce les sourcils, se convainc de la gravité de la maladie et se prépare à affronter le regard du malade, les larmes de la famille.

On peut aborder le cancer en cherchant à comprendre comment se propagent les *dégâts* dans une structure *ordonnée*. Qu'un mécanisme de croissance donne des choses irrégulières, ce n'est pas très surprenant. En fait, tous les phénomènes de croissance ont des domaines – des gammes de fonctionnement, si l'on veut – où ils donnent des choses irrégulières et/ou envahissantes, il suffit de pousser un peu les curseurs. Les racines des chênes ont des formes si complexes qu'après deux ou trois ans il est presque impossible de les déraciner ; pourtant, avec le même tissu, ou presque, le chêne fera un gland. Sur le chêne lui-même, la présence d'un parasite (la galle) transforme les branches en sortes de pommes bien rondes. Pourtant, c'est le même tissu, à peu de chose près.

Ce qui est intéressant dans le cancer (si l'on ose dire, compte tenu de l'état des malades), ce n'est pas tellement que la chose soit irrégulière, c'est plutôt le *passage,* le *basculement,* d'un système ordonné qui ne croît pas (l'organe sain) à la croissance de quelque chose de désordonné. Du point de vue d'un chercheur, l'important, c'est plus la cancérisation que le cancer. Du point de vue du médecin, c'est bien entendu le cancer à soigner : quand le malade se présente, il est un peu tard pour se demander comment le cancer est arrivé. La composante *microscopique* du désordre peut-elle expliquer simplement la composante *globale* du désordre ? Quelle est la logique de l'enchaînement ?

J'ai expliqué plus haut que les tissus vivants ont des structures en peau d'oignon. Les couches successives se distinguent les unes des autres. Des molécules que, volon-

1. Puisque le cancer est capable de refaire une dent, il ne fait pas de doute qu'on doit pouvoir refaire une dent saine à quelqu'un, avec une simple injection d'un produit particulier, dans la mâchoire. Des laboratoires travaillent sur ce genre de projet.

tairement, je ne décris pas, ont pour rôle de maintenir les cellules des couches successives en vis-à-vis. Dans chacune des couches, les cellules se reproduisent côte à côte, en bouchant, le cas échéant, les trous à leur côté.

On comprend donc que le comportement normal des cellules est de croître vers le côté, qui est la seule façon de préserver l'intégrité de la feuille de cellules. Les divisions cellulaires ont lieu principalement vers les côtés, *même si la nourriture arrive de face*, ou même de n'importe où. Dans les modèles physiques, la croissance a le plus souvent lieu dans la direction d'où vient la nourriture. Dans les tissus en millefeuille, la croissance a lieu dans le sens de la feuille, car la croissance est contrôlée, surveillée par les voisins, et parfois dans l'autre direction (pour ajouter ou épaissir une feuille), mais d'une façon encore plus contrôlée. J'ai illustré cela dans le cas de la botanique. Suivant les relations entre l'épaisseur de la feuille, le volume disponible, la présence d'autres feuilles, etc., on fait des oignons ou des carottes, des tulipes ou des amarantes et ainsi de suite. Dans le cas d'un tissu de notre corps, on fait des empreintes digitales, du cerveau ou du poumon. Ces organes ont des alignements réguliers de cellules (ordre à petite échelle) et une forme bien définie à grande échelle (genre serviette pliée, ou tubes réguliers). L'ordre à petite échelle *implique* ou permet l'ordre à grande échelle (si le tissu est une bonne feuille, il se pliera comme une feuille). J'ai conclu le chapitre IV en insistant sur le fait que la croissance biologique propageait davantage l'ordre que la croissance en physique, car elle respectait scrupuleusement la construction des tissus, de proche de proche. La formation de tissus réguliers sur de grandes distances est un des avatars de cette construction ; les cellules étant toujours issues d'une cellule voisine sont sensibles à la situation, à l'environnement de la cellule en question. Une cellule peut recevoir en héritage l'orientation gauche/droite et haut/bas de sa mère. L'orientation préférentielle des divisions cellulaires suivant les directions d'alignement est la cause matérielle de cette transmission.

Bon. Mais que se passe-t-il si une cellule ne respecte pas la règle de croissance côte à côte à l'échelle microscopique, si au lieu de se diviser en poussant sur le côté légèrement pour introduire une camarade à ses côtés, elle perd l'envie de rester dans une couche, avec des voisins à droite et à gauche et fait des divisions intempestives dans l'autre sens, vers l'avant ?

Dans un tissu sain, un apport excessif de nourriture, de sang ou autre ne provoque pas un développement démesuré ou anormal. Les sportifs qui se dopent ne sont pas monstrueusement déformés, ils ne sont pas couverts de chancres : leur musculature se développe en gardant des proportions humaines (dans une certaine mesure, et avec des risques à long terme de développer effectivement des maladies). En règle générale, le tissu sain est content comme il est, et il est très difficile, sinon impossible de le faire croître, heureusement.

Dans un tissu qui se plie en prenant la forme d'une noix ou d'une amarante, les relations locales entre voisins sont « bonnes », *et* la forme globale est « bonne », les deux vont ensemble. La forme est normale, bien que d'un aspect étrange. Elle s'arrête de pousser le moment venu. Dans le cancer, les relations entre voisins sont mauvaises, et la forme globale est mauvaise, la quête de sa satisfaction (l'équivalent du thermostat du radiateur) est une quête sans fin et le cancer ne s'arrête jamais de croître. La relation causale est dans ce sens.

La figure 2 montre un tissu sain « numérique », vu de très près : dans cette description très simple, les cellules sont de petits carrés mis côte à côte. Leur alignement évoque les alignements d'atomes. La simulation cherche à décrire un tissu comme l'épithélium qui est représenté au-dessus ; quoique ce ne soit pas apparent dans le dessin, on suppose que cet alignement constitue un tissu vivant, souple, mou, élastique, disons, vu en coupe. Le seul détail visible sur la figure, c'est que ce sont des cellules en contact les unes avec les autres. C'est une description plausible d'un grand nombre de tissus vivants, à l'échelle microscopique. Dans cette image, il n'y a rien d'anormal : les cellules reçoivent de la nourriture par en haut, mais il ne se passe rien, car, comme elles remplissent la couche uniformément, il n'y a plus moyen de rentrer une nouvelle cellule, de même qu'on ne peut pas caser un livre de plus sur une étagère très rem-

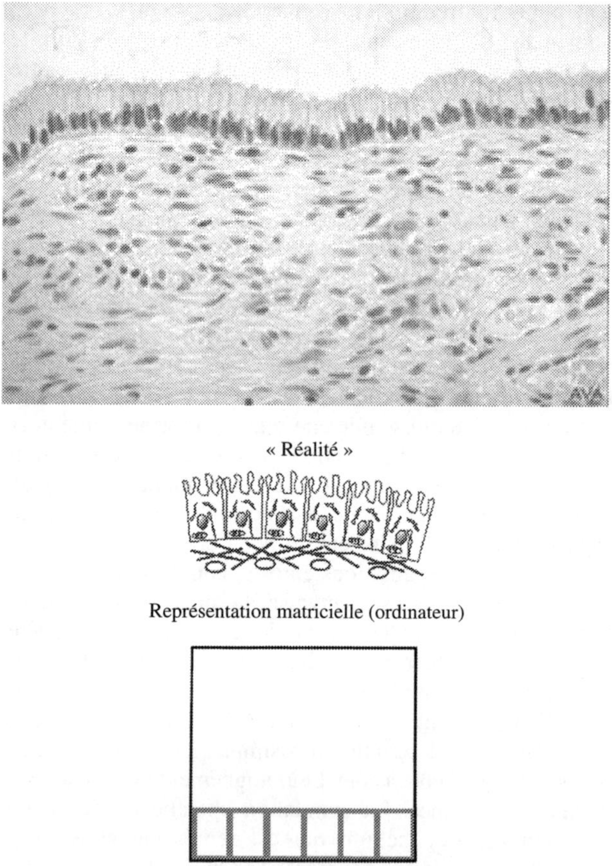

Figure 2. En haut : image d'épithélium réel (dernière couche de cellules à la surface d'un organe), montrant la grande régularité de la distribution. Les cellules sont assises les unes à côté des autres, selon un ordonnancement quasiment cristallin. Cet alignement s'apparente à une face d'un cristal (bien que l'organe soit plié ou gondolé). En bas : modélisation numérique de l'épithélium par des carrés parfaits alignés dans une matrice.

plie. Les cellules prennent dans la nourriture ce qu'il leur faut pour survivre, sans plus, elles ne se divisent pas. Si elles voulaient incorporer une nouvelle cellule, il leur faudrait fournir une force démesurée pour comprimer leurs voisines. Ainsi, le fait qu'elles se limitent à mettre des cellules à gauche ou à droite induit automatiquement un point d'arrêt à leurs divisions cellulaires, quand le remplissage est très serré, quand « l'étagère est couverte ».

Dans la figure 3, on voit ce qui se passe lorsqu'une cellule de la couche est capable d'échapper à la contrainte l'obligeant à rester dans la couche, et qu'elle transmet cette faculté de désobéir à ses filles. Dans ce modèle, la première cellule s'entend assez mal avec ses voisines, si mal que, si elle est bien nourrie, elle fait une division dans le mauvais sens, elle (ou plutôt sa fille) échappe à son voisinage. C'est un peu comme si, mettant un livre dans une étagère, il sautait vers l'étagère du dessus, pour ne pas rester debout contre les autres livres. Cela permet à la nouvelle cellule de monter au-dessus du lot, et d'échapper au plan de cellules saines. Cette tendance n'est pas forcément systématique. Suivant la ten-

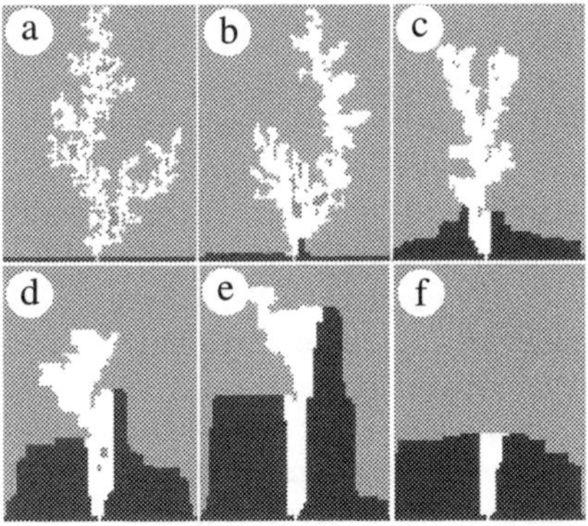

Figure 3. Cette figure représente diverses images de croissance de cancers par ordinateur. Dans chacun des cas, on observe la croissance d'une structure irrégulière qui tend à détruire plus ou moins la couche unicellulaire de départ (en bas), et le tissu qui lui fait face. Plus les cellules cancéreuses ont tendance à désobéir à leurs voisines, et à se diviser dans une direction opposée à la direction « normale » (ici, l'horizontale), plus les tumeurs forment des tissus aberrants. (De a vers f, les tumeurs sont moins graves, les cellules tumorales repectent plus l'orientation imposée par les cellules voisines.) Les tumeurs plus branchues et envahissantes sont bien entendu plus difficiles à « opérer ».

dance plus ou moins forte à faire une mauvaise division cellulaire (une division qui ne respecte pas l'organisation du tissu), on assiste à la croissance progressive d'un tissu plus ou moins désorganisé. La structure cancéreuse qui émerge peu à peu est plus ou moins branchue. Au début, il y a toujours une phase où le tissu sain s'accommode de la tendance des cellules cancéreuses à croître vers le haut. Les cellules saines, en restant mitoyennes des cellules cancéreuses, tendent à lisser, à absorber les irrégularités engendrées par le cancer. Le seul effet visible est un épaississement de la feuille. Mais, peu à peu, les dégâts s'accroissent, et des encoignures apparaissent que le tissu sain ne peut ni épouser ni absorber. Le cancer a gagné. Après, c'est la roue libre : il n'y a plus que du tissu cancéreux, envahissant le tissu sain par des tentacules plus ou moins prononcés.

Ce type de simulation montre que, quelle que soit la façon dont on nourrit un tissu, l'architecture microscopique des cellules (ici : l'obligation de rester côte à côte) impose une forme régulière, même à très grande distance. Cet ordre est analogue à un ordre cristallin. On appelle cela dans le jargon *une corrélation à longue portée*. En revanche, si on laisse des individus faire n'importe quoi, et léguer à leurs enfants leur mauvais caractère, peu à peu, le tissu se déstabilise, se complique, au point que l'organisation du tissu sain est complètement perdue. On peut jouer à l'infini avec les paramètres de ce type de modèle : ils sont malheureusement loin de la réalité, car le tissu vivant, à l'échelle microscopique, n'est pas aussi simple, nous l'avons dit, qu'un cristal [1]. Je veux bien faire la liste de ce qui manque dans ce genre de modèle, qui est pourtant au niveau de ce qui se fait couramment dans le monde, parmi les spécialistes de morphogenèse (et j'ai même l'espoir que ce soit un peu meilleur…) :

– les vrais tissus sont 3D ;

– les vrais tissus sont faits de plusieurs espèces de cellules ;

– les vraies tissus sont vascularisés ;

1. Pour les spécialistes : la description de la cancérisation qui est donnée ici s'apparente à une transition rugueuse.

– les vraies cellules peuvent changer de forme ;
– les vrais tissus ont des mécanismes de défense ;
– les vrais tissus ne sont pas faits que de cellules ;
– les vrais tissus sont plein de fibres entre les couches de cellules…

La variété de choses à prendre en compte est déprimante.

En particulier, nous avons insisté sur le rôle des fibres (absentes des images ci-dessus), or il est connu que les cancers ont des formes très différentes, suivant qu'on les cultive ou pas en présence de fibres. Dans les modèles très « cristallins » de la figure 2, les dégâts consistent en des croissances dendritiques comme celles présentées au chapitre IV. En présence de structures fibrées, les dégâts peuvent être d'une autre nature : plus droits, plus pointus, et même plus branchus. Ainsi, Véronique Fafeur et ses collègues de l'Institut de biologie de Lille ont montré qu'en cultivant un cancer en présence de collagène, il forme des branches assez régulières, avec des angles en baguette de coudrier, ce qui évoque certainement une incorporation d'un ordre fibré, à l'intérieur d'un cancer réputé envahissant et anarchique. C'est vraiment, à regarder ce type de cancer, de la racine de chêne qui pousse.

De façon générale, si on incorpore des fibres ou des bâtonnets dans des tissus sains, on crée des défauts d'orientation artificiels que le tissu sain essaie de guérir, sans succès. La fibrose est une accumulation de défauts d'orientation qui condamnent la structure bien alignée du tissu sain. C'est particulièrement visible dans les cicatrices ratées. Les bonnes cicatrices sont celles dont le fil du rasoir a très bien épousé le fil du tissu. En règle générale, avaler ou respirer des fibres n'est pas très bon.

Cependant, malgré son caractère rudimentaire, presque risible (« ce que tu fais, ce n'est pas de la biologie »), ce type de calcul retrouve quelques faits connus : le cancer peut prendre, à l'échelle globale, des formes très variées, il n'y a pas de modèle unique. Ces formes sont presque toujours irrégulières et invasives. Suivant le type d'irrégularité observé, on pourra relier le mode de croissance à l'un ou à l'autre des mécanismes physiques (plutôt contrôlé par des forces mécaniques, plutôt par de la chimie, plutôt par des poussées latérales, plutôt par des poussées frontales, etc.). Le modèle prédit aussi que, au début de la cancérisation, il y a une période où le tissu sain s'épaissit. C'est ce qu'on recherche en premier lieu dans certains dépistages. La malignité du cancer est due à la perte de repère des cellules cancéreuses, qui n'entendent pas la bonne direction pour la division cellulaire, que leurs voisines essaient de communiquer. C'est ce qu'on appelle une perte de polarité, dans le jargon. La perte de polarité induit les cancers les plus invasifs.

Dans le genre de cancer que je viens de décrire, la structure en peau d'oignon est perdue, et des branches très tentaculaires se propagent. Dans de nombreux cas, généralement moins graves, la structure en feuillets est conservée. Les cellules tendent bien à croître dans le sens de la feuille, mais elles ont assez de force pour déplacer et contraindre les tissus sains autour. On voit alors croître une espèce de chose plissée qui ressemble à une glande, à un petit polype, disons : à une crête de coq. Ces tumeurs-là ne sont pas les plus graves. Beaucoup d'entre elles sont réputées bénignes.

Par conséquent, lorsqu'un ordre microscopique, entre cellules voisines, est conservé, la structure globale est moins envahissante, plus facile à retirer : c'est une boule de plis, une perle de kératine, une tumeur ronde. Tout va bien, c'est « la chance dans le malheur ». On me dira que la physique n'est pas d'un grand secours. Elle prédit au moins un certain nombre de choses (ci-dessus). Et laisse entrevoir deux espoirs. Le premier est lié à la perte de polarité des cellules. Si l'on parvenait à polariser les cellules, de quelque manière que ce soit, on obtiendrait certainement une tumeur moins mauvaise. Le second est lié au caractère réversible de ce type de processus. Bien que la croissance soit irréversible, si on change le sens des forces dans le système, les branches se rétractent par où elles ont poussé, un peu comme les antennes d'un escargot. Si l'on parvient à faire « faner » le cancer, en quelque sorte, il va se rabougrir et reculer en se dissolvant, pour ainsi dire, comme un flocon de neige fond dans la main, comme la plante redigère de l'intérieur les pétales qui ne servent plus.

Les malformations de l'embryon

Ainsi, j'ai décrit plus haut un cas de maladie cardio-vasculaire, liée à la forme, et à l'historique de la morphogenèse. J'ai décrit ensuite quelques aspects du cancer, maladie évolutive par excellence. Avant de finir, nous allons retourner dans l'œuf, pour comprendre, dans le même esprit, quelques aspects de l'embryogenèse. Ce retour, il convient de le faire ici, avant de conclure, car c'est de là que nous venons, et c'est bien l'embryon qui, en dernier ou premier ressort, est le gardien de la morphogenèse. Tout vient de l'œuf, selon le mot fameux de Harvey.

Dans l'embryon, les forces de poussée, de traction, de pli, sont contrôlées par des répartitions de molécules. En fonction du niveau et du type de molécules, des actions morphogénétiques ont lieu. Ces actions sont poursuivies *un certain temps*, avec *une certaine intensité*. Le meccano de construction est à plusieurs étages. Il existe ainsi des séries de gènes qui définissent en un lieu précis la nature des grosses pièces qui vont être construites. Par exemple, le tissu sait qu'il doit construire une jambe en bas, et un bras en haut, car un gène différent s'exprime dans la jambe et dans le bras qui met en branle le plan jambe à la place du plan bras. Cependant, la répartition des couches en peau d'oignon est la même pour la jambe et le bras, l'épiderme est au-dessus, le derme en dessous, l'os au cœur du membre, etc. De même, la formation des vaisseaux se produit suivant le même mécanisme et avec les mêmes acteurs, dans la jambe et dans le bras. Il n'y a rien de spécial à la jambe ou au bras, de ce point de vue. Par conséquent, les matériaux utilisés, leur ordre d'entrée en scène, leur ballet est le même dans de nombreuses parties du corps. Rien d'étonnant à ce qu'un homme au long nez ait une verge plus longue, en définitive. Pour chaque sous-partie de l'embryon exploitant les mêmes matériaux ou instruments, il y a seulement un interrupteur, au début, qui modifie légèrement les tempos, et la balance de chacun des instrumentistes, au sens des ingénieurs du son. Cela n'est pas du tout simple à comprendre. En effet, les gènes qui contrôlent les relations entre voisins, et qui maintiennent les tissus correctement en vis-à-vis les uns par rapport aux autres, sont très probablement les mêmes. Les briques, les colles, les plaquages, les ciments sont les mêmes. En haut de la hiérarchie, il y a des gènes, identifiés, qui lancent la mesure pour un bras, ou pour une jambe. Ce chef d'orchestre est connu, c'est ce qu'on appelle un gène à homéobox, ou gène homéotique. Ces gènes ont la particularité d'être presque les mêmes dans toutes les espèces animales (la patte de la vache et la jambe de l'homme sont pilotées par le même chef d'orchestre). Ces gènes sont donc tout en haut d'une hiérarchie d'actions. Ils sont différents, pour un bras et pour une jambe. Tout en bas de la hiérarchie, on trouve ces gènes colle/ciment/brique/plaquage… qui sont les mêmes pour le bras et la jambe. Entre le chef d'orchestre et les instrumentistes, l'architecte et les matériaux, combien y a-t-il de niveaux de hiérarchie ? On ne le sait pas. Cette hiérarchie a ceci de grandiose qu'elle fonctionne bien, même si on change le chef d'orchestre. De fait, un nouvel animal peut naître avec un membre assez différent, sans qu'il soit nécessaire de toucher à tout. Si un gène décide de faire un os nouveau quelque part, la hiérarchie en dessous lui procure ses tendons, ses muscles, etc., sans qu'il faille réinventer spécifiquement une construction de tissus mous pour cet os-là. *A contrario*, si l'on s'escrimait à transformer la main d'un homme en sabot, on aurait la surprise de lui voir également des sabots au pied. Ainsi, si on touche à la boîte à outils, on affecte diverses régions d'un seul coup. C'est ce qui fait dire aux spécialistes de ces questions, comme le Suisse Denis Duboule, que les arguments évolutifs sont à prendre avec des pincettes. Si nous avons cinq doigts, par exemple, c'est peut-être pour une raison complètement indépendante des mains : peut-être que, quelque part dans un autre organe, comme le poumon ou la verge, les éléments de la boîte à outils qui nous donnent cinq doigts sont utilisés d'une façon réellement essentielle à notre survie, plus en tout cas que d'avoir cinq ou sept doigts. Ainsi, pour dire les choses brutalement, nous avons peut-être des doigts *pour que nous ayons une verge*. Il y a évidemment beaucoup d'intérêt, finalement, à avoir *et* une main *et* une verge, mais passons.

J'avais dit que je ne parlerai pas du détail chimique de la génétique. En mentionnant ces gènes, je trahis presque ma promesse. Mais je n'en dirai pas plus sur eux, je vais juste expliquer ou illustrer quelques conséquences de cette structure hiérarchique des gènes, et de la structure en peau d'oignon des tissus [1].

L'ordre de succession des couches, et leur présence, est nécessaire à la morphogenèse. Si par malheur, quelque part dans la hiérarchie des actions, les relations entre couches voisines sont mal contrôlées, ou si une couche est absente, des malformations surviennent. C'est le cas par exemple dans un syndrome appelé dysplasie ectodermique. L'un des tissus qui doit se mettre en place est atrophié. Mais ce matériau intervient partout dans le corps. En conséquence, les malformations sont nombreuses, associées : le cuir chevelu est atteint, les dents, la peau, la forme des mains et des pieds. C'est une des difficultés des thérapies géniques. Et elle est double. Qu'un gène du développement soit atteint, le film se déroule mal, *et* des endroits très variés sont atteints. La difficulté est double puisqu'il faudrait faire repartir le film en arrière, et, par ailleurs, traiter chaque partie indépendamment. On ne peut pas imaginer qu'on va greffer à quelqu'un un nouveau cuir chevelu, de nouvelles dents, de nouvelles mains, de nouveaux pieds… Il y a malheureusement beaucoup de cas où on voit mal comment traiter à la fois des parties très différentes du corps, même par thérapie génique. La seule solution est de compter sur une régénération complète d'un ou plusieurs membres, ce qui, dans les rêves les plus fous, ne paraît pas impossible (c'est possible dans de nombreuses espèces comme les tritons, et pour la dernière phalange, chez l'homme). On imaginerait alors de voir repousser un doigt normal, « tout seul ».

Il existe des cas inverses et remarquables, où la hiérarchie se régule toute seule, bien qu'on semble la perturber. Par exemple, on sait associer des tissus d'animaux diffé-

1. Je pense que ces deux hiérarchies ne sont pas indépendantes, mais c'est une idée que je ne peux pas développer ici.

rents, qui ont un développement à peu près normal. Une chercheuse française, Nicole Le Douarin, a acquis une réputation mondiale dans ce domaine. De quoi s'agit-il ? On mélange par exemple une caille et un poulet. Les gènes de la hiérarchie sont très proches, suffisamment pour que cela ne provoque pas d'aberrations : on fabrique un animal mi-poulet mi-caille, à peu près convenable. On peut même aller plus loin : prélever un rudiment de patte de caille, un rudiment de patte de poulet, les passer à la moulinette (au sens propre), et regreffer la boule obtenue : on observe le développement d'un membre avec un certain nombre de doigts. Ça ne ressemble pas à une patte de caille, ça ne ressemble pas à une patte de poulet, mais tout y est, le « poignet », les métacarpes, les extrémités, les muscles, les tendons, tout tout tout. Ça s'est arrangé tout seul. La hiérarchie de gènes s'est accommodée du mélange, parce que tout y était compatible, en particulier, les diverses peaux d'oignon du poulet et de la caille sont en même nombre, et acceptent de s'associer entre elles.

Évidemment, dans cette morphogenèse, toute la physique évoquée précédemment a joué un rôle (poussées, tensions, alignement de fibres, etc.), je n'y reviens pas.

On peut donc espérer faire repartir le programme à son début, c'est le projet d'étude des cellules souches, des clones. À la vérité, tout cela est transitoire ; le jour où l'on saura comment cela fonctionne, on n'aura nul besoin de clones, c'est certain. L'autre solution est davantage physique. De même qu'on peut reformer de la peau simplement en tirant dessus (toute la hiérarchie qui fabrique la peau se met en branle et assure la « consistance » de la peau), on pourrait allonger et donner aux os n'importe quelle forme, simplement en tirant dessus. Le reste de la hiérarchie s'arrangera pour que le tissu autour soit bien ordonné, que la vasculature se connecte convenablement, etc., c'est automatique. J'ai parlé plus haut du principe de Münchhausen : le tissu vivant tire lui-même sur ses lacets. L'idée avancée ici consiste à tirer sur les lacets des tissus qui ne peuvent pas se tirer eux-mêmes. Qu'on puisse allonger les os en tirant dessus est un fait parfaitement connu et établi. Cette possibilité est limitée. De même qu'on peut faire beaucoup de peau en tirant dessus, on fera mieux de l'os en tirant dessus, si on s'y prend au stade des cartilages, comme le fait la nature elle-même (avant l'ossification). À l'appui de cette idée, on notera que certaines formes de nanisme (membres courts) sont dues à une trop rapide ossification des cartilages, qui freine le développement des membres (voir les travaux récents de l'université de Washington sur le gène FGF18 de la souris).

Parmi les prémisses de ce type de recherche, il faut noter des travaux sur le mouton. Des chercheurs se sont aperçus que si on poussait un fluide (de l'eau) dans le poumon des embryons, on développait bien davantage les branchements du poumon : sans aucune action à l'échelle moléculaire ! *A contrario*, si on aspire le fluide interne au poumon (on diminue la force de poussée), le poumon fœtal ne se développe pas. On est très loin d'obtenir des effets semblables par génie génétique. Un cas évidemment connu de tous est celui de l'enfant qui suce son pouce : les conséquences, si la succion se prolonge au-delà de trois-quatre ans, sont, parmi d'autres : « palais creux, profond et étroit », « bas du visage allongé » « pouce allongé et aplati ». Ce sont là des modifications morphologiques dues uniquement à l'action d'une force mécanique.

Finalement, les anomalies de développement d'un embryon peuvent porter sur le plan complet, sur une partie intermédiaire de la hiérarchie (cas par exemple des dysplasies ectodermiques), ou bien sur une partie vraiment très basse de la hiérarchie. Des formes à peine nuancées correspondront à des différences mineures plutôt dans le bas de la hiérarchie (par exemple : les doigts plus fins et allongés). À tous les étages, le contexte joue un rôle. La température, par exemple, peut allumer ou éteindre certains gènes, ou bien les faire fonctionner plus longtemps. Ainsi, des animaux incubés à haute ou basse température peuvent être différents, voire extrêmement différents (Franck Bourrat, du CNRS, m'a montré un jour un poisson de rivière, le medaka, normalement incubé vers 20° ; incubé vers 30°, l'effet était presque incroyable, le poisson avait un corps en zigzag), de même que certains arbres deviennent « tortillards » dans certains contextes. Il est bien connu, également, que le sexe de nombre d'animaux peut être différent, suivant le contexte.

Conclusion

Au bout de ce récit, nous voici revenus à cette longue molécule qui contient la liste des interrupteurs, et les liens entre eux. Nous venons de là, et ce n'est pas croyable. Mais ces interrupteurs moléculaires jouent avec les règles de la physique, donc avec les interrupteurs propres à la physique, qui ont été évoqués tout au long de ce livre (brisure de symétrie, instabilités, ordre dans le chaos, etc.). Dans un immeuble, on admet sans peine qu'il y ait des doubles ou triples allumages, des interrupteurs qu'on peut actionner de divers endroits, et qui se basculent les uns les autres. Il y a dans le génome, dans la phase de développement, des centaines sinon des milliers de tels interrupteurs (il y a bien trente mille gènes en tout, mais tous ne servent pas à la morphogenèse) reliés entre eux. Pour couronner le tout, ils sont reliés à la physique. C'est un peu comme si les interrupteurs à double, triple ou *n-uple* allumage de la maison étaient également reliés à la robinetterie, et que l'ouverture ou la fermeture du moindre robinet (métaphore des vaisseaux sanguins) change la position de référence de tous les interrupteurs de l'électricité.

Voilà, ce gigantesque mikado se dévoile devant nous, en ce moment même, à une vitesse sans cesse accélérée. Les mécanismes de morphogenèse seront compris et, sans même avoir recours à des clones (devenus inutiles dès lors qu'on aura compris le tableau), nous pourrons reconstruire tous nos abbatis, je le tiens pour sûr.

Il ne fait pas de doute, pour moi, qu'un jour nous [1] serons éternels. Mais pour quoi faire ?

1. *Nous* désigne évidemment les humains en général, et plus particulièrement ceux des pays riches. Pour nous, c'est fichu.

ÉPILOGUE

J'ai mille trois cents ans. Mon nom est Althus Madek. J'attends dans le couloir de la défibrosification qu'on liquéfie les gros paquets de cicatrices qui descendent entre mes omoplates, tournent vers mon nombril, et remontent sur le sternum. Le laser à impulsion courte alignera le collagène de type huit sur le plan de ma première amputation, et ce sera parfait. C'est la dix-septième fois qu'on me change les bras. Ils sont mieux maintenant. J'ai demandé un peu plus de muscle, cette fois-ci. Comme ma femme mange trop depuis deux ou trois siècles, il vaut mieux que j'aie des bras plus costauds, dans les cinquante années qui viennent. Je crois que ça lui fera plaisir.

Je n'aime pas le moment où on réaligne les cicatrices ; ça chatouille. Pendant que j'attends, je lis cet article, dans *C'était mieux avant*. Il paraît qu'en l'an 2000, les vieux mortels finissaient par désirer leur mort.

TABLE DES CRÉDITS

CHAPITRE I

Figure 1. D'après Harold Cummins, *Epidermal Ridge Configurations in Developmental Defects, with Particular Reference to the Ontogenetic Factors which Condition Ridge Direction*, Am. J. of Anat. 38, 1, p. 105.
Figure 3. D'après Govard Bidloo, *Anatomia humani corporis, centum & quinque tabulis, per artificiosis*. G. de Lairesse ad vivum delineatis. Amsterdam, von Someren, van Dyk, and Boom, 1685.
Figure 5. D'après A. G. de Wilde, *The Semi-Automatic Classification of Fingerprints*, Coll. Antrop. 8 : 93-100. Droits réservés.
Figure 6. Avec l'aimable autorisation de Ian Hunter et de la police de Nouvelles Galles du Sud.
Figure 7. D'après Vincent Fleury et Tomoko Watanabe, *Morphogenesis of Fingers and Branched Organs : how Collagen and Fibroblasts break the Symetry of Growing Biological Tissue*, C. R. Acad. Sc. Paris, biologie, 325 (2002) 571-583.
Figure 8. Photographie Patrick de Mervelec. Droits réservés.

CHAPITRE II

Figure 1 (photographie du bas). © J.P. Burgess/SPL/Cosmos.
Figure 2. D'après René Just Haüy, *Mémoire sur la structure des cristaux de Feld-Spath*, Histoire et Mémoires de l'Académie des Sciences, 1784.
Figure 3. Niels Stensen (Nicola Steno), *De solido inter solidum naturaliter contento dissertationis prodromus*, Florence, 1669.

CHAPITRE III

Figure 1. © LABA/COGIS.
Figure 4. Avec l'aimable autorisation de R. Nieuwenhuys, université de Nimègue.
Figure 6. Avec l'aimable autorisation de Charles Steele, Stanford.
Figure 8 (droite). Photographie NASA (Mission Viking).
Figure 11. Simulation Peter Ossadnik.
Figure 12. Dr Hale, cours de médecine de la Duke University.
Figure 13. Avec l'aimable autorisation de Paul Simoens (thèse de doctorat, université de Gand).

CHAPITRE IV

Figure 3. Dr Hale, cours de médecine de la Duke University.
Figure 4. D'après Henry Gray, *Anatomy of the Human Body*, Lea and Febiger, Philadelphia, 1918.
Figure 5. Avec l'aimable autorisation de Tomoko Watanabe et Frank Constantini, université de Columbia.
Figure 7. Avec l'aimable autorisation de Marcus Dejmek, École polytechnique.
Figure 9. Avec l'aimable autorisation de Ewald Weibel, université de Berne.
p. 110 : Jacques Tati dans *Mon oncle*. Avec l'aimable autorisation de « Les films de mon oncle ».

CHAPITRE V

Figure 5. Avec l'aimable autorisation de Hans Meinhardt, Institut Max Planck, Tübingen.
Figure 7. D'après Neil Shubin et Pere Alberch, *A Morphogenetic Approach to the Origin and Basic Organization of the Tetrapod Limb*, Evol. Biol. 20 : 319-387.
Figure 9. D'après Neil Shubin et Pere Alberch, *A Morphogenetic Approach to the Origin and Basic Organization of the Tetrapod Limb*, Evol. Biol. 20 : 319-387.
Figure 10. Avec l'aimable autorisation de Yves Couder, École normale supérieure.

CHAPITRE VII

Figure 1. Avec l'aimable autorisation de Ferdinand Lenoble, université de Maastricht.
Figure 2. Cliché Anniek J. M. Van Aspert, université de Nimègue.

Figure 3. D'après Vincent Fleury et Laurent Schwartz, *Numerical Investigation of the Effect of Cell Polarity on Cancer Morphology and Invasiveness*, Fractals, 2003.

Toutes les autres illustrations de l'ouvrage sont des photographies ou des figures originales de l'auteur CNRS/Fleury.

TABLE

Chapitre III

COMMENT MARCHE LA MORPHOGENÈSE ?

Chapitre IV

LES ARCHITECTES DES FORMES

Chapitre V

LE MODÈLE DE TURING

Chapitre VI

LA VIE ET LES FORMES

Chapitre VII
LA CACOGENÈSE

SCIENCES

BARROW John D.
- La Grande Théorie. Les limites d'une explication globale en physique. *n° 319*

BITBOL Michel
- Anti-réalisme et quasi-réalisme en physique. *n° 394*
- Mécanique quantique. Une introduction philosophique. *n° 391*

BRADU Pascal
- L'Univers des plasmas. *n° 496*

BROGLIE Louis de
- Nouvelles perspectives en microphysique. *n° 269*
- La Physique nouvelle et les quanta. *n° 170*

BRUNHES Bernard
- La Dégradation de l'énergie. *n° 251*

CAVALLI-SFORZA Lucas et Francesco
- Qui sommes-nous ? Une histoire de la diversité humaine. *n° 357*

CHAUVET Gilbert
- La Vie dans la matière. Le rôle de l'espace en biologie. *n° 399*

COMBES Claude
- L'Art d'être parasite. *n° 545*

COUTEAU Paul
- Le Grand Escalier. Des quarks aux galaxies. *n° 330*
- Les Rêves de l'infini. *n° 403*

CREVIER Daniel
- À la recherche de l'intelligence artificielle. *n° 428*

DACUNHA-CASTELLE Didier
- Chemins de l'aléatoire. Le hasard et le risque dans la société moderne. *n° 440*

DAVIES Paul
- Les Forces de la nature. *n° 341*

DEBRÉ Patrice
- Louis Pasteur. *n° 386*

DELSEMME Armand, PECKER Jean-Claude, REEVES Hubert
- Pour comprendre l'univers. *n° 234*

DELSEMME Armand
- Les Origines cosmiques de la vie. *n° 363*

DELUMEAU Jean (collectif présenté par)
- Le Savant et la foi. *n° 248*

DENTON Derek
- L'Émergence de la conscience. De l'animal à l'homme. *n° 397*

DENTON Michael
- Évolution. Une théorie en crise. *n° 228*

DINER Simon, FARGUE Daniel, LOCHAK Georges
- L'Objet quantique. *n° 250*

DROUIN Jean-Marc
- L'Écologie et son histoire. Réinventer la nature. *n° 272*

ECCLES John
- Évolution du cerveau et création de la conscience. À la recherche de la vraie nature de l'homme. *n° 294*

EINSTEIN Albert, INFELD Leopold
- L'Évolution des idées en physique. *n° 119*

EINSTEIN Albert
- Comment je vois le monde. *n° 183*
- Conceptions scientifiques. *n° 214*

FRANCK Philippe
- Einstein, sa vie, son temps. *n° 242*

GELL-MANN Murray
- Le Quark et le jaguar. *n° 350*

GLEICK James
- La Théorie du chaos. Vers une nouvelle science. *n° 219*

GRIBBIN John
- À la poursuite du big-bang. *n° 270*
- Le Chat de Schrödinger. Physique quantique et réalité. *n° 312*

HAWKING Stephen
- Commencement du temps et fin de la physique ? *n° 306*
- Une brève histoire du temps. Du big-bang aux trous noirs. *n° 238*

HEISENBERG Werner
- La Partie et le tout. Le monde de la physique atomique. Souvenirs 1920-1965. *n° 215*

HURWIC Anna
- Pierre Curie. *n° 398*

JACQUARD Albert
- Idées vécues. *n° 244*
- La Légende de demain. *n° 481*
- La Légende de la vie. *n° 444*

STEWART Ian
- Dieu joue-t-il aux dés ? Les mathématiques du chaos. *n° 411*

TESTART Jacques
- Le Désir du gène. *n° 282*
- L'Œuf transparent. *n° 157*

THOM René
- Paraboles et catastrophes. Entretiens sur les mathématiques, la science et la philosophie. *n° 186*
- Prédire n'est pas expliquer. *n° 288*

THORNE Kip S.
- Trous noirs et distorsions du temps. *n° 463*

TRINH Xuan Thuan
- Un astrophysicien. *n° 317*

TUBIANA Maurice
- Histoire de la pensée médicale. Les chemins d'Esculape. *n° 384*

ULLMO Jean
- La Pensée scientifique moderne. *n° 92*

WEYL Hermann
- Symétrie et mathématique moderne. *n° 366*

WILLS Christopher
- La Sagesse des gènes. Nouvelles perspectives sur l'évolution. *n° 354*

HISTOIRE

ARASSE Daniel
- La Guillotine et l'imaginaire de la Terreur. *n° 281*

ASSMANN Jan
- Moïse l'Égyptien. Un essai d'histoire de la mémoire. *n° 547*

ATTIAS Jean-Christophe, BENBASSA Esther
- Israël, la terre et le sacré. *n° 483*

AZÉMA Jean-Pierre (dir.)
- Jean Moulin face à l'histoire. *n° 551*

BARNAVI Élie
- Une Histoire moderne d'Israël. *n° 246*

BERTIER DE SAUVIGNY Guillaume
- La Restauration. *n° 237*

BOIS Paul
- Paysans de l'Ouest. *n° 33*

BOUREAU Alain
- La Papesse Jeanne. *n° 280*

BOWERSOCK Glen W.
- Rome et le martyre. *n° 552*

BRAUDEL Fernand
- La Dynamique du capitalisme. *n° 192*
- Écrits sur l'histoire. *n° 23*
- Écrits sur l'histoire II. *n° 304*
- Grammaire des civilisations. *n° 285*
- L'Identité de la France.
  T. I. Espace et histoire. *n° 220*
  T. II. Les hommes et les choses. *n° 221 et 222*
- La Méditerranée. L'espace et l'histoire. *n° 156*
- La Méditerranée. Les hommes et l'héritage. *n° 167*

BRUNSCHWIG Henri
- Le Partage de l'Afrique noire. *n° 291*

CAROZZI Claude, TAVIANI-CAROZZI Huguette
- La Fin des temps. Terreurs et prophéties au Moyen Âge. *n° 446*

CARRÈRE D'ENCAUSSE Hélène
- Lénine. La révolution et le pouvoir. *n° 72*
- Staline. L'ordre par la terreur. *n° 73*

CAUVIN Jacques
- Naissance des divinités, naissance de l'agriculture. *n° 406*

CHASSAIGNE Philippe
- Histoire de l'Angleterre. *n° 439*

CHAUNU Pierre
- La Civilisation de l'Europe des Lumières. *n° 116*

CHOURAQUI André
- Moïse. *n° 348*

CHRÉTIEN Jean-Pierre
- L'Afrique des Grands Lacs. Deux mille ans d'histoire. *n° 532*

CONSTANT Benjamin
- De la force du gouvernement actuel et de la nécessité de s'y rallier (1796). Des réactions politiques. Des effets de la Terreur (1797). *n° 200*

CORBIN Alain
- L'Avènement des loisirs. 1850-1960. *n° 480*
- Les Cloches de la terre. *n° 453*
- Les Filles de noce. Misère sexuelle et prostitution au XIXe siècle. *n° 118*
- Le Miasme et la jonquille. L'odorat et l'imaginaire social, XVIIIe-XIXe siècle. *n° 165*

LAROUI Abdallah
- Islam et Histoire. *n° 452*

LE GOFF Jacques
- La Civilisation de l'Europe médiévale. *n° 47*

LE ROY LADURIE Emmanuel
- Histoire du climat depuis l'an mil. *n° 108 et 122*
- Les Paysans de Languedoc. *n° 7*

LEROY Béatrice
- L'Aventure séfarade. De la péninsule Ibérique à la diaspora. *n° 253*

LEWIS Bernard
- Les Arabes dans l'histoire. *n° 362*
- Juifs en terre d'Islam. *n° 206*

LOMBARD Maurice
- L'Islam dans sa première grandeur. *n° 59*

LUPO Salvatore
- Histoire de la mafia des origines à nos jours. *n° 479*

MAHN-LOT Marianne
- La Découverte de l'Amérique. *n° 249*

MARRUS Michael R.
- L'Holocauste dans l'histoire. *n° 307*

MAYER Arno
- La Persistance de l'Ancien Régime. L'Europe de 1848 à la Grande Guerre. *n° 212*

MILZA Pierre
- L'Europe en chemise noire. *n° 565*
- Fascisme français. Passé et présent. *n° 236*

MOLLAT Michel, WOLFF Philippe
- Les Révolutions populaires en Europe aux XIVe et XVe siècles. *n° 279*

MOSSÉ Claude
- Politique et société en Grèce ancienne. Le « modèle athénien ». *n° 438*

MUCHEMBLED Robert
- Culture populaire et culture des élites dans la France moderne (XVe-XVIIIe siècle). *n° 252*

PERROT Michelle
- Les Femmes ou les silences de l'histoire. *n° 490*
- Les Ombres de l'histoire. Crime et châtiment au XIXe siècle. *n° 531*

RICHET Denis
- La France moderne. L'Esprit des institutions. *n° 86*

ROMANO Ruggiero
- Les Conquistadores. Les mécanismes de la conquête coloniale. *n° 256*

ROSSIAUD Jacques
- La Prostitution médiévale. *n° 217*

SCHMITT Jean-Claude
- Le Saint Lévrier. Guinefort, guérisseur d'enfants depuis le XIIIe siècle. *n° 559*

SCHWALLER DE LUBICZ Isha
- Her-Bak « pois chiche ». Visage vivant de l'ancienne Égypte. *n° 102.*
- Her-Bak, disciple de la sagesse égyptienne. *n° 81.*

SCHWALLER DE LUBICZ R.A.
- Le Miracle égyptien. *n° 31*
- Le Roi de la théocratie pharaonique. *n° 117*

SERGI Giuseppe
- L'Idée de Moyen Âge. Entre sens commun et pratique historique. *n° 448*

SIEYÈS Emmanuel
- Qu'est-ce que le Tiers État ? *n° 196*

SOUTHERN R.W.
- L'Église et la société dans l'Occident médiéval. *n° 379*

STERN Joseph Peter
- Hitler. Le Führer et le peuple. *n° 324*

TOOMASPOEG Kristjan
- Histoire des chevaliers teutoniques. *n° 533*

TUBIANA Maurice
- Histoire de la pensée médicale. Les chemins d'Esculape. *n° 384*

URVOY Dominique
- Averroès. Les ambitions d'un intellectuel musulman. *n° 470*

VALANCE Georges
- Histoire du franc de 1360 à 2002. *n° 414*

VERRIÈRE Jacques
- Genèse de la nation française. *n° 435*

VIDAL-NAQUET Pierre
- La Démocratie grecque vue d'ailleurs. *n° 359*

VINCENT Bernard (dir.)
- Histoire des États-Unis. *n° 376*

VINCENT Bernard
- 1492 « l'année admirable ». *n° 361*

SCIENCES HUMAINES

ABRAHAM Nicolas, TOROK Maria
• L'Écorce et le noyau. *n° 353*
• Le Verbier de l'homme aux loups. Précédé de « Fors » par Jacques Derrida. n° 425

ADORNO Theodor
• Notes sur la littérature. *n° 430.*

ALAIN
• Idées. Introduction à la philosophie de Platon, Descartes, Hegel, Comte. *n° 126*

AMSELLE Jean-Loup
• Vers un multiculturalisme français. L'empire de la coutume. *n° 476*

ANATRELLA Tony
• L'Église et l'amour. *n° 458*
• Non à la société dépressive. *n° 321*
• Le Sexe oublié. n° 278

ARNAULD Antoine, NICOLE Pierre
• La Logique ou l'Art de penser. *n° 40*

ARNHEIM Rudolf
• La Pensée visuelle. *n° 374*

AUBERT Nicole
• Le Culte de l'urgence. *n° 573*

AUGÉ Marc
• Anthropologie des mondes contemporains. *n° 373*

AXLINE Virginia (Dr)
• Dibs. *n° 16*

BADINTER Élisabeth
• L'Amour en plus. Histoire de l'amour maternel (XVIIe-XXe siècle). *n° 100*

BAVEREZ Nicolas
• Raymond Aron. *n° 332*
• Les Trente Piteuses. *n° 412*

BECK Ulrich
• La Société du risque. Sur la voie d'une autre modernité. *n° 546*

BENJAMIN Walter
• Le Concept de critique esthétique dans le romantisme allemand. *n° 494*
• Origine du drame baroque allemand. *n° 455*

BENSLAMA Fethi
• La Psychanalyse à l'épreuve de l'islam. *n° 569*

BERNARD Claude
• Introduction à l'étude de la médecine expérimentale. *n° 137*

BIARDEAU Madeleine
• L'Hindouisme. Anthropologie d'une civilisation. *n° 325*

BODEI Remo
• La Philosophie au XXe siècle. *n° 416*

BORCH-JACOBSEN Mikkel
• Lacan. Le maître absolu. *n° 314*

BRILLAT-SAVARIN
• Physiologie du goût. *n° 109*

CHAGNOLLAUD Dominique, QUERMONNE Jean-Louis
• La Ve République.
T. I. Le régime politique. *n° 457*
T. II. Le pouvoir exécutif et l'administration. *n° 473*
T. III. Le pouvoir législatif et le système des partis. *n° 474*
T. IV. L'État de droit et la justice. *n° 475*

CHOMSKY Noam
• Langue, linguistique, politique. Dialogues avec Mitsou Ronat. *n° 261*
• Réflexions sur le langage. *n° 46*

CHUVIN Pierre
• La Mythologie grecque. *n° 392*

COHEN Daniel
• Nos Temps modernes. *n° 498*
• Richesse du monde, pauvretés des nations. *n° 415*

COHEN Jean
• Structure du langage poétique. *n° 30*

COLLECTIF
• Le Français dans tous ses états. *n° 502*

DANIÉLOU Alain
• Mythes et dieux de l'Inde. *n° 309*

DARAKI Maria
• Dionysos et la déesse Terre. *n° 311*

DAVY Marie-Madeleine
• Initiation à la symbolique romane (XIIe siècle). *n° 19*

DE WAAL Frans
• De la réconciliation chez les primates. *n° 467*

DELEUZE Gilles, PARNET Claire
• Dialogues. *n° 343*

DELUMEAU Jean (collectif présenté par)
• Le Savant et la foi. *n° 248*

DERRIDA Jacques
• Éperons. Les styles de Nietzsche. *n° 41*
• Heidegger et la question. De l'esprit et autres essais. *n° 235*
• La Vérité en peinture. *n° 57*

DERRIDA Jacques, ROUDINESCO Élisabeth
• De quoi demain… Dialogue. *n° 542*

ART

HECK Christian
• L'Échelle céleste. Une histoire de la quête du ciel. *n° 639*
LE CORBUSIER
• L'Art décoratif d'aujourd'hui. *n° 625*
• Urbanisme. *n° 610*
• Vers une architecture. *n° 611*
LICHTENSTEIN Jacqueline
• La Couleur éloquente. *n° 641*
MÂLE Émile
• Notre-Dame de Chartres. *n° 613*
MARIN Louis
• Détruire la peinture. *n° 630*
MOREL Philippe
• Les Grotesques. *n° 24*
MOULIN Raymonde
• L'Artiste, l'institution et le marché. *n° 629*
• Le Marché de l'art. Mondialisation et nouvelles technologies. *n° 549*
OBALK Hector
• Andy Warhol n'est pas un grand artiste. *n° 20*
PANOFSKY Erwin
• La Renaissance et ses avant-courriers dans l'art d'Occident. *n° 602*
PENROSE Roland
• Picasso. *n° 607*
PHILIPPOT Paul
• La Peinture dans les anciens Pays-Bas. *n° 635*
SEGALEN Victor
• Chine, la grande statuaire. *n° 631*
SEZNEC Jean
• La Survivance des dieux antiques. *n° 606*
SHATTUCK Roger
• Les Primitifs de l'avant-garde. *n° 395*
STEIN Rolf A.
• Le Monde en petit. Jardins en miniature et habitations dans la pensée religieuse d'Extrême-Orient. *n° 26*
WÖLFFLIN Heinrich
• Réflexions sur l'histoire de l'art. *n° 632*

CINÉMA

BORDE Raymond,
CHAUMETON Étienne
• Panorama du film noir américain (1944-1953). *n° 508*
BOUJUT Michel
• Wim Wenders. *n° 515*
EISNER Lotte H.
• Fritz Lang. *n° 509*
GODARD Jean-Luc
• Godard par Godard.
T. I. Les années Cahiers. *n° 516*
T. II. Les années Karina. *n° 517*
T. III. Des années Mao aux années 80. *n° 520*
PASOLINI Pier Paolo
• Écrits corsaires. *n° 505*
RENOIR Jean
• Ma vie et mes films. *n° 501*
ROHMER Éric
• Le Goût de la beauté. *n° 511*
ROSSELLINI Roberto
• Le Cinéma révélé. *n° 510*
SCHIFANO Laurence
• Luchino Visconti. Les feux de la passion. *n° 512*
TRUFFAUT François
• Les Films de ma vie. *n° 500*
• Le Plaisir des yeux. *n° 514*

BIOGRAPHIES

BAVEREZ Nicolas
• Raymond Aron. *n° 332*
BORCH-JACOBSEN Mikkel
• Lacan. Le maître absolu. *n° 314*
BOUJUT Michel
• Wim Wenders. *n° 515*
DEBRÉ Patrice
• Louis Pasteur. *n° 386*
EISNER Lotte H.
• Fritz Lang. *n° 509*
ÉRIBON Didier
• Michel Foucault. *n° 243*
FRANCK Philippe
• Einstein, sa vie, son temps. *n° 242*
HURWIC Anna
• Pierre Curie. *n° 398*

Achevé d'imprimer en mars 2005
sur les presses de l'imprimerie Maury Eurolivres
45300 Manchecourt

N° d'éditeur : FH012802.
Dépôt légal : février 2003.
N° d'impression : 05/03/113350.

Imprimé en France